新世界少年文库

U0174692

未来少年
FOR FUTURE YOUTHS

恐龙新奇档案

小多（北京）文化传媒有限公司　编著

新世界出版社
NEW WORLD PRESS

图书在版编目（CIP）数据

恐龙新奇档案 / 小多（北京）文化传媒有限公司编
著 . -- 北京：新世界出版社，2022.2
（新世界少年文库 . 未来少年）
ISBN 978-7-5104-7375-3

Ⅰ.①恐… Ⅱ.①小… Ⅲ.①恐龙 – 少年读物 Ⅳ.
① Q915.864-49

中国版本图书馆 CIP 数据核字 (2021) 第 236401 号

新世界少年文库 · 未来少年

恐龙新奇档案 KONGLONG XINQI DANGAN

小多（北京）文化传媒有限公司　编著

责任编辑：王峻峰
特约编辑：阮　健　刘　路
封面设计：贺玉婷　申永冬
版式设计：申永冬
责任印制：王宝根
出　　版：新世界出版社
网　　址：http://www.nwp.com.cn
社　　址：北京西城区百万庄大街 24 号（100037）
发 行 部：（010）6899 5968（电话）　（010）6899 0635（电话）
总 编 室：（010）6899 5424（电话）　（010）6832 6679（传真）
版 权 部：+8610 6899 6306（电话）　nwpcd@sina.com（电邮）
印　　刷：小森印刷（北京）有限公司
经　　销：新华书店
开　　本：710mm×1000mm　1/16　尺寸：170mm×240mm
字　　数：113 千字　　　　印张：6.25
版　　次：2022 年 2 月第 1 版　2022 年 2 月第 1 次印刷
书　　号：ISBN 978-7-5104-7375-3
定　　价：36.00 元

编委会

阅读优秀的科普著作
是愉快且有益的

目前，面向青少年读者的科普图书已经出版得很多了，走进书店，形形色色、印制精良的各类科普图书在形式上带给人们眼花缭乱的感觉。然而，其中有许多在传播的有效性，或者说在被读者接受的程度上并不尽如人意。造成此状况的原因有许多，如选题雷同、缺少新意、宣传推广不力，而最主要的原因在于图书内容：或是过于学术化，或是远离人们的日常生活，或是过于低估了青少年读者的接受能力而显得"幼稚"，或是仅以拼凑的方式"炒冷饭"而缺少原创性，如此等等。

在这样的局面下，这套"新世界少年文库·未来少年"系列丛书的问世，确实带给人耳目一新的感觉。

首先，从选题上看，这套丛书的内容既涉及一些当下的热点主题，也涉及科学前沿进展，还有与日常生活相关的内容。例如，深得青少年喜爱和追捧的恐龙，与科技发展前沿的研究密切相关的太空移民、智能生活、视觉与虚拟世界、纳米，立足于经典话题又结合前沿发展的飞行、对宇宙的认识，与人们的健康密切相关的食物安全，以及结合了多学科内容的运动（涉及生理学、力学和科技装备）、人类往何处去（涉及基因、衰老和人工智能）等主题。这种有点有面的组合性的选题，使得这套丛书可以满足青少年读者的多种兴趣要求。

其次，这套丛书对各不同主题在内容上的叙述形式十分丰富。不同于那些只专注于经典知识或前沿动向的科普读物，以及过于侧重科学技术与社会的关系的科普读物，这套丛书除了对具体知识进行生动介绍之外，还尽可能地引入了与主题相关的科学史的内容，其中有生动的科学家的故事，以及他们曲折探索的历程和对人们认识相关问题的贡献。当然，对科学发展前沿的介绍，以及对未来发展及可能性的展望，是此套丛书的重点内容。与此同时，书中也有对现实中存在的问题的分析，并纠正了一些广泛流传的错误观点，这些内容将对读者日常的行为产生积极影响，带来某些生活方式的改变。在丛书中的几册里，作者还穿插介绍了一些可以让青少年读者自己去动手做的小实验，这种方式可以令读者改变那种只是从理论到理论、从知识到知识的学习习惯，并加深他们对有关问题的理解，也影响到他们对于作为科学之基础的观察和实验的重要性的感受。尤其是，这套丛书既保持了科学的态度，又体现出了某种人文的立场，在必要的部分，也会谈及对科技在过去、当下和未来的应用中带来的或可能带来的负面作用的忧虑，这种对科学技术"双刃剑"效应的伦理思考的涉及，也正是当下许多科普作品所缺少的。

最后，这套丛书的语言非常生动。语言是与青少年读者的阅读感受关系最为密切的。这套丛书的内容在很大程度上是以青少年所喜闻乐见的风格进行讲述的，并结合大量生动的现实事例进行说明，拉近了作者与读者的距离，很有亲和力和可读性。

总之，我认为这套"新世界少年文库·未来少年"系列丛书是当下科普图书中的精品，相信会有众多青少年读者在愉悦的阅读中有所收获。

刘 兵

2021 年 9 月 10 日于清华大学荷清苑

在未来面前，永远像个少年

当这套"新世界少年文库·未来少年"丛书摆在面前的时候，我又想起许多许多年以前，在一座叫贵池的小城的新华书店里，看到《小灵通漫游未来》这本书时的情景。

那是绚丽的未来假叶永烈老师之手给我写的一封信，也是一个小县城的一年级小学生与未来的第一次碰撞。

彼时的未来早已被后来的一次次未来所覆盖，层层叠加，仿佛一座经历着各个朝代塑形的壮丽古城。如今我们站在这座古老城池的最高台，眺望即将到来的未来，我们的心情还会像年少时那么激动和兴奋吗？内中的百感交集，恐怕三言两语很难说清。但可以确知的是，由于当下科技发展的速度如此飞快，未来将更加难以预测。

科普正好在此时显示出它前所未有的价值。我们可能无法告诉孩子们一个明确的答案，但可以教给他们一种思维的方法；我们可能无法告诉孩子们一个确定的结果，但可以指给他们一些大致的方向……

百年未有之大变局就在眼前，而变幻莫测的科技是大变局中一个重要的推手。人类命运共同体的构建，是一项系统工程，人类知识共同体自然是其中的应有之义。

让人类知识共同体为中国孩子造福，让世界的科普工作者为中国孩子写作，这正是小多传媒的淳朴初心，也是其壮志雄心。从诞生的那一天起，这家独树一帜的科普出版机构就努力去做，而且已经由一本接一本的《少年时》做到了！每本一个主题、紧扣时代、直探前沿；作者来自多国，功底深厚、热爱科普；文章体裁多样，架构合理、干货满满；装帧配图精良，趣味盎然、美感丛生。

这套丛书，便是精选十个前沿科技主题，利用《少年时》所积累的海量素材，结合当前研究和发展状况，用心编撰而成的。既是什锦巧克力，又是鲜榨果汁，可谓丰富又新鲜，质量大有保证。

当初我在和小多传媒的团队讨论选题时，大家都希望能增加科普的宽度和厚度，将系列图书定位为倡导青少年融合性全科素养（含科学思维和人文素养）的大型启蒙丛书，带给读者人类知识领域最活跃的尖端科技发展和新锐人文思想，力求让青少年"阅读一本好书，熟悉一门新知，爱上一种职业，成就一个未来"。

未来的职业竞争几乎可以用"惨烈"来形容，很多工作岗位将被人工智能取代或淘汰。与其满腹焦虑、患得患失，不如保持定力、深植根基。如何才能在竞争中立于不败之地呢？还是必须在全科素养上面下功夫，既习科学之广博，又得人文之深雅——这才是真正的"博雅"、真正的"强基"。

刚刚过去的 2021 年，恰好是杨振宁 99 岁、李政道 95 岁华诞。这两位华裔科学大师同样都是酷爱阅读、文理兼修，科学思维和人文素养比翼齐飞。以李政道先生为例，他自幼酷爱读书，整天手不释卷，连上卫生间都带着书看，有时手纸没带，书却从未忘带。抗日战争时期，他辗转到大西南求学，一路上把衣服丢得精光，但书却一本未丢，反而越来越多。李政道先生晚年在各地演讲时，特别爱引用杜甫《曲江二首》中的名句："细推物理须行乐，何用浮名绊此身。"因为它精准地描绘了科学家精神的唯美意境。

很多人小学之后就已经不再相信世上有神仙妖怪了，更多的人初中之后就对未来不再那么着迷了。如果说前者的变化是对现实了解的不断深入，那么后者的变化则是一种巨大的遗憾。只有那些在未来之谜面前，摆脱了功利心，以纯粹的好奇，尽情享受博雅之趣和细推之乐的人，才能攀登科学的高峰，看到别人难以领略的风景。他们永远能够保持少年心，任何时候都是他们的少年时。

莫幼群

2021 年 12 月 16 日

克拉斯诺达尔市野生动物园里的恐龙蛋（俄罗斯，2018 年 1 月 5 日）

第1章

[你见过 恐龙吗?]

- 远古霸主，恐龙来了!
- 食肉还是食草?
- 体型和成长
- 最大和最小
- 技术让恐龙重现
- 恐龙在侏罗纪公园中复活

远古霸主,
恐龙来了!

劳氏鳄生活在三叠纪中期,很像鳄鱼,化石发现于巴西

脉鳄生活在三叠纪晚期,身长约2米

鸟鳄生活在三叠纪晚期的卡尼期,化石发现于苏格兰

板龙生活在三叠纪晚期的欧洲,是最早被命名的恐龙之一

双脊龙生活在约1.93亿年前,是已知年代最早的侏罗纪恐龙之一

腔骨龙是北美洲小型肉食性双足恐龙,也是目前发现的最早的恐龙之一

嗜鸟龙是小型兽脚亚目恐龙,生活在侏罗纪晚期,接近现代北美洲的地方

三叠纪

三叠纪是 2.5 亿 ~2 亿年前的一个地质时代,前承二叠纪,后启侏罗纪,是中生代的第一个纪。在三叠纪,翼龙和恐龙的祖先开始出现,也演化出了早期的槽齿龙和板龙之类的恐龙。三叠纪晚期还出现了世界上最早的乌龟——原颚龟。三叠纪晚期发生了一次大规模生物灭绝事件,虽然其中也包括了一些恐龙,但仍有部分恐龙幸存下来了,并从侏罗纪中晚期开始主宰中生代的地球。

剑龙的骨板和尾刺让它成了最著名的恐龙之一,生活在侏罗纪晚期

异特龙是兽脚亚目恐龙,也是非常著名的大型肉食性恐龙

始祖鸟生活在侏罗纪晚期,曾被认为是最早的鸟类,但现在已经发现了更古老的鸟纲生物

迷惑龙是陆地上存在的最大动物之一,身长可达26米

侏罗纪

侏罗纪是三叠纪和白垩纪之间的地质年代，始于约 1.996 亿年前（误差值为 60 万年），结束于约 1.455 亿年前（误差值为 400 万年）。侏罗纪是中生代的第二个纪，三叠纪–侏罗纪灭绝事件开启了它的序幕。因为这次灭绝事件，侏罗纪早期地球上的动植物非常稀少，但在这样的环境下，恐龙得到了前所未有的发展，成为地球上最繁荣的优势物种。

梁龙生活在侏罗纪晚期，脖子和尾巴都极长，曾被认为是最长的恐龙

弯龙生活在侏罗纪晚期至白垩纪早期的北美洲和欧洲，当四足站立时，身体呈拱形

腕龙身长能超过 25 米，既是地球上存在过的最大的陆生动物之一，也是最著名的恐龙之一

重爪龙身长约 8.5 米，不过因为最完整的化石版本并未成年，所以实际的身型可能更大

美颌龙生活在侏罗纪晚期，体型和火鸡差不多大

波塞东龙是目前已知最高的恐龙,可能高达17米;它的身长接近35米,体重有50多吨

棱齿龙生活在白垩纪早期,是小型双足植食性恐龙

恐爪龙后脚第二趾上长着的可怕的镰刀状利爪,让它成为最著名的恐龙之一

棘龙背上长着巨大的帆状棘,是已知最大的肉食性恐龙,身长可达18米

小盗龙化石发现于中国,四肢和尾巴都长有羽毛

无齿翼龙生活在白垩纪晚期的北美洲和欧洲，翼展长达9米。人们常把翼龙当成一种恐龙，但根据现在的生物学分类，翼龙不属于恐龙

南方巨兽龙比暴龙长，体重也要更重些，可能是仅次于棘龙的肉食性恐龙

栉龙生活在白垩纪晚期的亚洲和北美洲，可以用两足或四足行走

盔龙是鸭嘴龙科的一员，生活在7700万~7650万年前的北美洲

白垩纪

白垩纪是中生代的最后一个纪，位于侏罗纪和新生代的第一个纪——古近纪之间。白垩纪开始于约 1.455 亿年前（误差值为 400 万年），结束于约 6550 万年前（误差值为 30 万年），长达 8000 万年，是显生宙最长的一个阶段。恐龙在白垩纪发展到顶峰，又在白垩纪末期突然全部灭绝。这起发生在白垩纪末期的灭绝事件，是中生代与新生代的分界。

施氏无畏龙生活于白垩纪，体重可达 65 吨，是迄今为止已知的体重能够被精确计算的最大的陆生动物

阿根廷龙可能是地球上曾经生活过的最大的陆生动物，体重在 75 吨左右

甲龙的一身重型装甲和巨大尾锤让它同样成了最著名的恐龙之一

牛角龙拥有陆生动物中目前已知的最大的头骨，有科学家认为它其实只是成年的三角龙

三角龙是最晚出现在地球上的恐龙之一，经常和暴龙一起出现在各种电视剧和电影里

暴龙，又叫霸王龙，是恐龙灭绝前最后出现的，也是最著名的种类，凶猛的它作为恐龙时代的代表是毫无疑问的

后肢站立和行走的植食性副栉龙

食肉还是食草？

恐龙既有食草的，也有食肉的。不过，恐龙时代的草（被子植物）并不繁盛，因此，我们将吃植物的恐龙称为植食性恐龙。

肉食性恐龙多是二足动物，它们通过后肢站立和行走，这使得它们可以快速奔跑以追赶捕获猎物。它们有巨大的可以进行撕咬的牙齿和能够前伸进行捕捉的前肢，通过髋部沉重的尾巴来保持身体平衡。所有的肉食性恐龙，无论是家养鸡大小的细颚龙还是 12 米长的霸王龙，都是这种身形。

与肉食性恐龙相比，植食性恐龙需要更大的肠道来存放更多的食物。当早期植食性恐龙进化出来时，它们沉重的内脏使它们难以保持平衡。后期的种类进化为四足行走，它们发展出长颈来移动寻找食物。这样，像迷惑龙那样的基本类型就进化出来了。

同时，一些有巨大肠道的植食性恐龙的内脏悬在后肢之间。这些恐龙仍然能够保持平衡并且依靠后肢行走。禽龙和副栉龙就是二足的植食性恐龙。有些二足恐龙进化出了铠甲，因为这些铠甲增加了它们的体重，所以它们选择四足行走，这种植食性恐龙包括剑龙、三角龙和优头甲龙。

体型和成长

恐龙的体型从小鸡般大小到身长超过 30 米的都有。它们的生活方式、生长速度和生命周期也存在巨大的差别。

现在已知的最小的恐龙之一是肉食性的细颚龙。成年后它身长约为 90 厘米，但是绝大部分长度为颈部和尾部。它的体重仅有 2.2 千克，体型只有家养鸡大小。

对恐龙的生长环境的研究显示，一些大型长颈的植食性恐龙的寿命可能有 100 岁。冷血动物比温血动物的生存时间长。如果长颈植食性恐龙是完全的冷血动物，它们也许能活到 200 岁甚至更长。恐龙的生长速度，则很难通过骨骼化石来判断。对美国蒙大拿的慈母龙巢的研究表明，慈母龙在刚孵化出来时只有 3.6 米长，但是经过它们父母为期 1 年的喂养，它们能长到 4.5 米并能离巢生活。3 年后它们能长到 9 米长。

细颚龙

最大和最小

艺术家根据化石绘制的施氏无畏龙形象（图片来源：Drexel University；绘画：Jennifer Hall）

最大的恐龙

出土于阿根廷西南部巴塔哥尼亚地区的施氏无畏龙（Dreadnoughtus schrani）化石是史上最大的恐龙化石，据专家分析，施氏无畏龙身长约26米，重达65吨，比一架波音737飞机还重。这种恐龙生活于约7700万年前的白垩纪，被认为可能是曾经在地球上生存的最大的陆生动物。

"Dreadnoughtus"来自古英语，意思是"什么也不怕"。确实，这种恐龙是如此巨大，以至于一只健康的成年施氏无畏龙很可能对来自食肉动物的任何攻击都不屑一顾。

主持这项研究的古脊椎动物学家肯尼思·拉科瓦拉（Kenneth Lacovara）指出，尽管也有一些阿根廷龙的体重曾被认为可能有100吨，但这些数字都是由破碎的化石推算而来，较不准确。因此，他认为施氏无畏龙是迄今为止已知的体重能够被精确计算的最大的陆生动物。

然而，如此巨大的施氏无畏龙却是植食性的。为了获得足够的能量，施氏无畏龙每天都要大量进食各种各

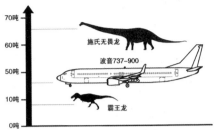

施氏无畏龙与霸王龙和波音 737-900 重量比较
（来源：Lacovara Lab, Drexel University）

样的植物。拉科瓦拉认为，进食是这种恐龙每日清醒时的唯一活动。

最小的恐龙

耀龙（Epidexipteryx）是一种小型手盗龙类恐龙，其化石发现于中国内蒙古宁城县的道虎沟化石层，年代为侏罗纪中期或晚期。耀龙的学名正式公布于 2008 年 10 月份的《自然》杂志上。

目前古生物学家只发现了一个耀龙化石，部分骨骼保存良好。耀龙的尾巴有四根长羽毛，身体也覆盖着由平行的羽枝构成的简易羽毛。耀龙身长约 25 厘米，若加上尾巴的羽毛，身长可达 44.5 厘米，接近鸽子的大小。科学家估计，耀龙的体重约为 164 克。

技术让恐龙重现

66

《侏罗纪世界》里的恐龙当然不是真的，但却是我们现在所能了解到的恐龙知识的生动再现。这些恐龙知识来源于地下的化石和现代的先进技术。

计算机建模、计算机断层扫描（CT）等新技术能帮助我们拨开史前的迷雾，从化石里再现活生生的恐龙，并与流行的、想象中的恐龙区分开。

99

无损穿透

不用接触恐龙化石，就可以检查一只恐龙的大脑尺寸，在恐龙的心室里漫步，也可以感受它发达的运动神经。通过使用计算机断层扫描技术，甚至更多的想法都是可以实现的。

计算机断层扫描利用X射线技术，能捕捉一块化石每个毫米大小的片段的影像，并且不会对化石标本造成任何损坏。每一个片段都被数字化后，可以重新聚合。在一台正常尺寸的电脑显示器上，研究者可以查看一根庞大的恐龙骨骼化石，也可以查看一块软组织（比如主动脉）的石化样本。

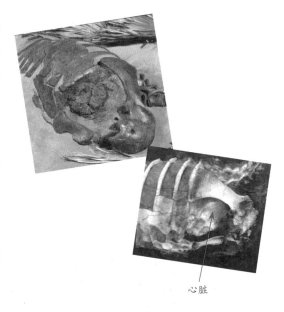

心脏

一张计算机断层扫描图显示出一片褐色的肿块,那是一个生活在6600万年前的奇异龙的心脏。这是科学家第一次看到恐龙的心脏。利用这些扫描图,北卡罗来纳州立大学的科学家们制作出了这个化石的3D图像(化石本身一直嵌在石头里)。这是一只植食性小恐龙的化石,科学家称它"维罗"。维罗的心脏有四个心室、一个双泵系统和一条主动脉(负责运输血液)。这些特征表明,这只植食性动物的心脏和恒温的人类或者鸟类的心脏相似,而不同于大部分科学家猜测的变温的鳄鱼心脏。

有人质疑这个证据。他们坚持认为,第二条主动脉(鳄鱼和蜥蜴等爬行类有,而人类和鸟类没有)的化石可能没有保存下来。软组织很少能发生石化,维罗的心脏部分可能没有完整地保存下来。现在需要收集更多的证据,并使用X射线技术,检验其他的化石标本并进行对比。

科学家不仅对恐龙的心脏进行了大量细致的观察,他们还检查了恐龙的脑部。只要恐龙的颅骨扫描完成,通过电脑,我们就能看到恐龙大脑的内部构造,还有可能检验恐龙的静脉窦,观察龈线下的口腔卫生。

恐龙的化学成分

在美国 SLAC 国家加速器实验室,一个由古生物学家、地质化学家和物理学家组成的国际小组正使用一种同步加速射线的 X 射线荧光成像技术,研究化石的化学物质。他们研究的对象是始祖鸟化石。

第一个始祖鸟的化石标本在150多年前被发掘出来,距达尔文发表《物种起源》仅仅过去两年,这个发现成为证明进化理论的强大证据。150年来,又有10个样本被陆续发现。这些化石已经经过了无数次的观察分析,甚至使用了 CT 技术,却没有一次能揭示出隐藏在其表面下的化学痕迹。

SLAC 的物理学家乌韦·贝格曼正在对准被扫描的始祖鸟化石(图片来源:菲尔·曼宁,SLAC)

"始祖鸟对于古生物学的意义就如同图坦卡蒙对于考古学。很明显,这是我们领域的一个标志。"曼彻斯特大学的古生物学家菲尔·曼宁说,"本来认为通过 150 年的研究,关于这种动物我们已经知道了我们想知道的一切。但是猜猜怎么着?我们错了!"

在 SLAC 实验室里,科学家引导头发丝一样粗细的 X 射线束穿过始祖鸟的化石。通过记录 X 射线束在化石中的反应,科学家可以很精确地分辨出哪些化学元素隐藏在哪里。就这样,他们绘制了始祖鸟的化学图谱,揭示了这种动物生前体内存在的化学元素。在对每一种元素都进行研究之后,科学家发现了化石和其周围的岩石沉积质的显著区别,确定了这些化学元素确实是存在于始祖鸟体内而不仅仅是从周围的岩石渗透到化石中的。

"在此之前,人们从未对始祖鸟化石使用过如此精密的方法。"领导这个 X 射线扫描实验的 SLAC 物理学家乌韦·贝格曼说,"因为放射性光非常亮,我们可以看见非常细小的化学痕迹,尽管没有人想到它们会在那里。"

化学图谱显示,化石的羽毛中含有磷和硫,这些都是现代鸟类羽毛的组成成分。铜和锌的痕迹也在始祖鸟的骨头中发现,就像现在的鸟一样,始祖鸟可能也需要这些元素来保持健康。"我们讨论的是鸟类和恐龙之间的物理联系,但是现在我们发现了它们的化学联系。"曼彻斯特大学的地质化学家罗伊·沃格柳思说,"在古生物学和地质学领域,人们花了很长时间研究骨头。而研究残留的金属痕迹和软组织当中的化学痕迹的想法相当令人兴奋。"

史前的步伐

想象你的头有 900 千克重,每天早上,你该如何把头从枕头上抬起来?当然,你可以借助一辆铲车,它能给你的脖子提供必要的支持;或许还可以找一个强壮的脊椎按摩师来减轻你后背的酸疼。现在,想象你的身体是匀称的,但是重 35 吨,只是行走,你需要多少能量?恐龙不仅能舒服地行走,它们还能奔跑,猎取庞大的猎物。

通过计算机建模,科学家正在加

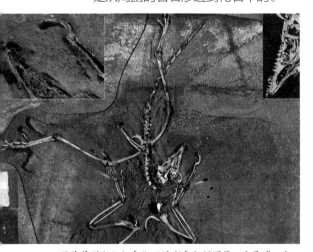

瑟莫普利斯始祖鸟化石的彩色扫描图像。这是磷、硅、硫和铁元素扫描图像的复合。翼的位置色彩鲜艳,呈现了保留至今的羽毛的化学物质 [图片来源:K.G. 亨特利据斯坦福同步辐射光源(SSRL)产生的数据制作]

深对这些大型动物行走方式的理解。加利福尼亚大学的约翰·哈钦森正在致力于霸王龙的 2D 和 3D 模型的研究。他希望弄清霸王龙在运动的时候，它的骨头和肌肉是如何相互作用的。他使用了一个叫作"SIMM"（医学研究者一般使用这个程序来模拟手术移动人体腿部肌腱的效果）的电脑程序，在霸王龙的 3D 模型上覆盖肌肉，然后探寻肌肉可以产生的力和扭矩。

　　哈钦森主要考虑骨头能承受的移动范围和支持骨架结构不倾斜所需要的肌肉数量。"最主要的问题

霸王龙的咬合肌肉

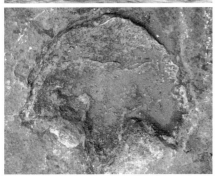

格陵兰岛的恐龙脚印

是，霸王龙是如何站立的。"他说，"这个模型能让我知道，肌肉是否能平衡某些特定的姿势，比如一条笔直的腿，或者是一条蜷曲的腿（像鸟类那样）。"下一个重要的问题将是霸王龙追逐猎物时，需要多少肌肉。

　　最近科学家发现了一个有趣的事实，现代科技在这个过程中发挥了显著的作用。在格陵兰岛上一片深度石化的泥地里，有一串恐龙脚印。脚步的行迹清晰地显示了恐龙穿越泥地时是如何行走的。哈钦森博士解释道："电脑模型展示的结果正如我们所想，除几个微小的细节外，恐龙的移动模式更像鸟。"

恐龙在侏罗纪公园中复活

没人见过暴龙走路，更别提跑了。那么为什么我们会相信电影《侏罗纪公园》里一只暴龙能够追赶一辆吉普车并像咬胡桃一样把它咬开呢？

这就是电影的魔力，它能让我们相信那些只在想象中出现的东西。

在最初的《侏罗纪公园》中，电影人在魔法般的制作过程中加入了一点崭新的技术——计算机动画。

计算机动画（有时候被称作计算机生成图像）的本质，是利用了一种被称作视觉暂留的现象。视觉暂留指的是我们眼睛的视网膜能抓住的自己看到的简短图像的时间。在图像消失后我们的视觉仍能持续约 0.4 秒。

这种现象使我们可以制作出运动的画面。如果你画几张马在奔跑的图画并且每一张分别是马跨步的不同的点，那么当你连续快速看这些图的时候，你会"看到"马在画页中间奔驰。由于视觉暂留，大脑会持续"看到"马在运动，哪怕在每页之间有停顿。

　　电影制作者就是利用这种动态的幻觉来制作电影的。

　　电影摄像机记录一组连续的静态画面,然后用足以达到视觉暂留的速度将这些画面投射到银幕上。当这一系列独立的照片以每秒 24~30 帧的速度播放时,观影者就产生了动态的幻觉。

　　如何制作出没有人见过的动物的影像呢?

　　在准备拍摄《侏罗纪公园》之前,史蒂文·斯皮尔伯格导演决定要让他的恐龙尽可能真实可信。他本着两个基本原则来达到他的目的:第一,电影中的恐龙必须在运动时"像动物";第二,电影制作团队要咨询古生物学家,弄清每一种恐龙可能的运动方式。

　　为此,他采用了一种被称作"静态拍摄"的传统动画技术,并进行了改进。电影制作中的静态拍摄类似于画一匹奔跑的马。电影动画制作者会先做出恐龙的 3D 模型,将这些模型摆出一定姿势,比如说互相打斗,然后拍照,再把这些模型摆成新的姿势,再拍照,这样一直拍到完成打斗为止。最后将这些拍摄的照片按顺序快速播放,我们就能在银幕上看到恐龙打斗的画面了。

　　《侏罗纪公园》的电影制作者将静态拍摄和计算机技术结合在了一起。

　　计算机图像软件处理恐龙在电影中的形象和运动方式。恐龙团队的一位动画制作者将这一步比作将一个 3D 打印出来的塑料恐龙再还原，得到基础的计算机数据。

要做到这一点，动画制作者要制作很多电影中出现的恐龙的小模型。然后利用一个激光"阅读器"将模型扫描输入软件。接下来，计算机软件将这些数据处理成将在银幕上出现的恐龙的骨骼框架。这些计算机化的恐龙骨架就可以摆成各种姿势并且可以多角度地观看了，省去了调整那些真实 3D 模型的功夫。

尽管计算机图像处理有很多优势，但静态拍摄也并没有出局。那些静态拍摄的动画制作者对动物运动非常有经验，并且针对恐龙的计算机动画在此前从未有人尝试过，他们决定保留静态拍摄的动画制作者的经验，因此他们制作了一个"恐龙输入设备（DID）"。

最初的计算机 3D 恐龙模型

通过真实渲染技术获得的暴龙 3D 模型

本质上,DID 就是实体的 3D 模型和计算机图像软件之间的设备(想想看一个键座或者键盘是如何能让人进入表格数据或者台式电脑的)。DID 就像一个恐龙模型,是一种能进行连接和平衡的机械装置。通过传感器将 DID 模型的每个部分连接到电脑。比如电影剧本中的恐龙要抬头仰望一只经过的飞龙,那么动画制作者就尽可能真实地把 DID 模型的头抬起来。传感器捕捉到这个动作并把它发给电脑,然后软件记录下这个动作以备后用。

另外一种实现真实运动捕捉的方法需要动画设计者在空旷的停车场进行操作。

程序中设计的似鸡龙的骨骼用鸵鸟骨作为模板。动画设计者可以利用计算机软件完成一群似鸡龙被暴龙追逐得四散奔逃的情景。

在停车场中,摄像机放置在由塑料管子做成的"树"旁边,然后开始拍摄一群动画制作者欢快嬉戏奔跑的画面。就像真实发生的情况一样,一个动画制作者被绊了一下,摔倒在其中一棵塑料"树"下,甚至绊到的腿甩在树上的动作都被记录到了软件中。动作结合骨骼模板,确保屏幕上奔跑的似鸡龙群的真实性,电影中就出现了似鸡龙摔倒的场景。

静态动画拍摄结合计算机图像处理的方法给电影中的暴龙、迅猛龙和腕龙以极大的可控性。接下来就是给骨骼框架加上皮肤和肌肉,上色,然后把电脑绘制的恐龙加入到实时拍摄的场景中,成为观众坐下来观看《侏罗纪公园》时看到的一切。

第 II 章

[古生物学家 眼中的恐龙]

- 如果恐龙还在
- 鸟类的祖先
- 小鸡逆进化
- 关于恐龙研究的那些谬误
- 恐龙化石的足迹
- 恐龙研究的新点子
- 恐龙的体温

如果恐龙还在

每一万个生活在这个星球上的人中就有一只……恐龙！千真万确！恐龙并没有灭绝，它们从小行星撞击地球的浩劫中死里逃生，非但大难不死，还在之后的岁月中不断进化。它们的身体变得越来越小，大脑却变得越来越大。当人类在地球上出现，开始大量捕食、猎杀大型哺乳动物时，恐龙们光明正大、堂而皇之地藏了起来。它们把自己打扮成人类，像普通人那样过日子。直到今天，它们的存在仍然是个谜。

根据这个天马行空的想法写成的几本侦探小说早在21世纪头几年便问世了。这几本小说可谓异想天开，它们都强调了同一个观点，那就是：即使是成年人也没有能力分辨真正的人类和那些乔装成人类的恐龙。在恐龙这个话题上试想"假如"是件十分有趣的事，对古生物学家来说也是如此。但和小说家相比，古生物学家对待这个问题的态度要严肃得多。虽然恐龙是否依然存活这个问题或许无法跻身古生物学家最想解开的十大谜题，但古生物学家们时不时也会争论有没有可能：有一种恐龙挨过了白垩纪。

岩石中发现的问题

6550万年前，一颗小行星撞击地球，使地球变得一片漆黑，气温骤降，大量物种灭绝。但假如有植被能

够躲过这一浩劫，仍旧郁郁葱葱地在地球上生长，又假如鸭嘴龙这一植食性恐龙种群找到了这片草木茂盛的地区生存下来了呢？如果这些假设都成立的话，那么鸭嘴龙或许还没有灭绝。

又或者，假如鸭嘴龙的蛋在小行星撞击地球时正好被埋在温暖的窝里。这样的话，虽然外界的气候寒冷如冬，但那些被埋起来的鸭嘴龙蛋或许可以在被埋起来的这段岁月里继续孵化。当外界气温回暖后，这些恐龙蛋已经孵化成功，这样一来，鸭嘴龙这一恐龙种群就躲过了灭绝的厄运。

这些假设的提出是为了解释在美国新墨西哥州的一项惊人发现。一些古生物学家声称在圣胡安盆地的白杨山砂岩岩床中挖出了一些鸭嘴龙化石，从这些化石判断，鸭嘴龙这一恐龙种群并没有在小行星撞击地球时灭绝。更不可思议的推论是，这一恐龙种群在小行星撞击地球后很长一段时间都存活着。那么它们到底又存活了多长时间呢？这些古生物学家称，他们发现的这批鸭嘴龙在人们断定恐龙灭绝的时间点之后70万年还悠然自得地生存在地球上。

不过，很少有其他古生物学家相信这一推论。问题出在发现这些化石的岩石上。

人们通常依据埋藏恐龙化石的岩石的年代来判断化石的年代。人们偶尔会在小行星撞击地球后形成的岩

鸭嘴龙蛋的化石

石，即第三纪岩石中发现恐龙化石，但这并不意味着这些恐龙躲过了灭绝的厄运。

"要证实这一假设（即这些骸骨属于存活下来的恐龙），首先需要排除这些骸骨形成于恐龙大规模灭绝前的可能性，这点很难。"吉姆・法瑟特(Jim Fassett，他撰写的研究报告被刊登在 *Palaeontologia*

Electronica 杂志上）解释道，"在恐龙死亡并被泥沙掩埋后，骸骨有可能经河水冲刷而浮现，然后和年代较近的岩石融为一体。"

陆地发生的巨变和奔涌的水流使化石从年代较久远的岩石上脱落，散落于年代较近的岩石上。正是大自然能够挪动化石这一事实让相关人士很难向古生物学家证明任何一种恐龙躲过了灭绝的厄运。

为了证明白杨山的砂岩是在恐龙灭绝后才形成的，加拿大艾伯塔大学的研究员观察了一种在岩石中发现的被称为"磁钟"的东西。某些在岩石形成时被岩石吸收的矿物质能够记录下岩石形成那一刻地球磁场的方向及

鸭嘴龙科是一类繁盛的植食性恐龙，包括著名的埃德蒙顿龙、副栉龙。图中远处是副栉龙遭受捕猎的情景

恐龙灭绝后，大型哺乳动物开始出现，这是生活于距今6000万~3200万年前的蒙古安氏中兽，身长约5米，高约1.8米

强度。古生物学家正是利用这种记录来判断岩石的形成时间。

古生物学家还通过观察埋在岩石中的花粉来判断岩石的形成时间。艾伯塔大学的研究员发现被挖掘出的化石周围的花粉不同于白垩纪时期岩石中的花粉。

综合地磁分析和花粉分析两种方法，可以强有力地证明，那批从白杨山挖出的化石属于存活下来的鸭嘴龙。保守估计，它们在人类推断恐龙全部灭绝后的 70 万年依然存活在地球上。

"这是个颇具争议的结论，许多古生物学家仍对这个结论持怀疑态度。" Palaeontologia Electronica 的编辑大卫·波利（David Polly）说，"但有一件事毋庸置疑，那就是即使恐龙确实没有因为小行星撞击地球而全部灭绝，它们在白垩纪结束时的分布也已经不可能像之前那样广。此外，即使幸存，它们在地球上也没能存活太长时间。"

若大灾难并未发生

假如未曾发生过小行星撞击地球的事件呢？这也是古生物学家争论的焦点问题之一。其中一些纯属半开玩笑，但也有一些人在十分严肃地探求这种可能性。不管怎么说，这仅仅是一种猜测，因为几乎所有古生物学家都认同小行星在恐龙灭绝这件事上影响重大。虽然如此，探求这个假设本身仍然很有趣。

很长一段时间以来，古生物学家都认为恐龙是行动缓慢的冷血类爬行动物。冷血动物要想让身体各部分正常工作，必须依靠像太阳那样的外部热源。在地球变冷的那段日子里，阳光没那么充足，无法为体型庞大的恐龙充当外部热源。因此，古生物学家就顺理成章地认为，即使恐龙没因小行星撞击地球而灭绝，地球上周期性出现的冰期也肯定会要了它们的命。

如今，古生物学家不能百分之百地确认这一点了。反驳的证据包括在地球极地地区发现的恐龙化石。虽然如今的大陆板块构造与恐龙生存的那个时期不同，但那些成为地球北极和南极的地区无论在今天还是在恐龙时代都要比地球其他地区温度更低，白昼时长更短，日照更不充足。因此，在上述地区发现恐龙遗骸意味着一些恐龙有可能能够适应地球上定期出现的冰期。

之后发生了什么呢？最新研究强有力地表明，恐龙灭绝后哺乳动物迅速进化，体型越来越大，数量越来越多。

"事实上，恐龙从地球上消失后，突然间没有其他物种以植物为食了。在觉察到这类食物资源无人享用后，哺乳动物开始以植物为生。如果体型庞大的话，当个食草族更易于存活。"加拿大艾伯塔省卡尔加里大学生物科学系副教授杰西卡・西奥多（Jessica Theodor）博士表示。

类恐龙人

1982年，加拿大国家博物馆的脊椎动物化石管理员、古生物学家戴尔・罗素（Dale Russell）做出了一个著名推论：类似伤齿龙的物种如果在白垩纪–古近纪灭绝事件中存活下来，不但会进化得更聪明，而且将拥有类似人类的外表。

罗素发现，伤齿龙在进化过程中，脑容量在持续地增加。虽然伤齿龙的智商远低于现代人类，但已是其他恐龙的6倍。他认为，若伤齿龙持续进化至今，脑容量将达到1100立方厘米（接近于人类）。伤齿龙的爪子已能做出某种程度的抓取动作，罗素认为如果它们进化至今，将拥有三根手指，第一指可以做出和其他

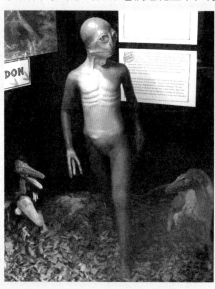

指不一样的动作。他与艺术家兼动物标本剥制师荣・瑟昆（Ron Seguin）一起制作出了先进的、有智能的未来伤齿龙模型，并将这个虚构的动物命名为类恐龙人（Dinosauroid，见左图）。

少数古生物学家认为这个演化过程是可能的，例如大卫・诺曼（David Norman）和克里斯提亚诺・达鲁・沙索（Cristiano Dal Sasso）；而其他科学家，例如格里高利・保罗（Gregory Paul）和托马斯・荷兹（Thomas Holz）则认为，拥有大型脑部、高智能的伤齿龙科恐龙将维持标准的兽脚类恐龙身体，而非拥有类似人类的身型。

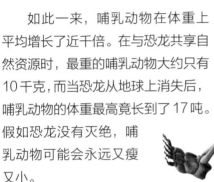

不灭绝的话，恐龙也许会变成这个样子

如此一来，哺乳动物在体重上平均增长了近千倍。在与恐龙共享自然资源时，最重的哺乳动物大约只有10千克，而当恐龙从地球上消失后，哺乳动物的体重最高竟长到了17吨。假如恐龙没有灭绝，哺乳动物可能会永远又瘦又小。

那么，哺乳动物的体重不超过10千克会发生什么呢？如果真是那样，对人类会是件麻烦事。

设想那时的灵长类动物正在向智人进化，那人类的体型会不会只有一只恒河猴那么大？如果真是那样，人类还有没有可能在地球上立足？很可能不能。因为那样小的体型很难让人类进化出足够大的脑部，而比其他绝大多数哺乳动物都大的脑部正是区别智人和其他哺乳动物的关键因素。

假设在上述情况下，人类确实进化出了足够大的脑部，与"现代"恐龙共同生活在这个地球上呢？这可能会带来两种截然不同的结果。

鉴于以狩猎采集为生的人类有杀光冰期动物群（如乳齿象）之嫌，他们很有可能也会对恐龙痛下杀手。因此，即使没有6550万年前的小行星终结恐龙，恐龙也很有可能不会在地球上存活太久，因为它们很可能会被石器时代的人类全部杀光！

假如像一些古生物学家构想的那样，一些恐龙进化出了足够大的脑部，这种情况下又会发生什么呢？

伤齿龙这类恐龙在小行星撞击地球时就已展现出了自身的进化优势。在接受英国广播公司新闻频道采访时，美国俄亥俄大学古生物学家兼解剖学教授拉里·威特默（Larry Witmer）曾将伤齿龙比作"狡猾的狐狸"。因为与它的体型相比，伤齿龙有相当大的大脑，可以靠两条腿直立，还是短跑健将。它们还长着一双大大的眼睛，眼睛的位置比其他大部分恐龙的要朝前，这样的生理构造使得伤齿龙拥有深度知觉。此外，它们还是群居动物。

假如伤齿龙继续进化呢？它会成为体型矮小的人类的直接竞争对手吗？人类现在会不会正和满嘴尖牙的智能恐龙共享地球呢？想想就觉得恐怖。

是不是非得灭绝呢？

从某种角度说，"假如恐龙没有灭绝"这个问题本身就毫无意义。为什么呢？因为恐龙本身并没有灭绝啊。大量证据表明，现代鸟类与这些史前巨兽之间存在着直接联系。

事实上，大家关心的不是现代鸟类为什么会是恐龙的后代，也不是鸟类怎么就成了恐龙的后代这种科学细节。点燃人类想象力的是那些已经从地球上消失了很久的巨兽，如甲龙、蜥脚类恐龙、兽脚类恐龙和它们的同类。这些巨兽已经彻底从地球上消失了，永远消失了。

这就引出了最后一个有趣的问题：这些巨兽是不是不可避免地走向灭亡？让我们展开一个思维实验，自己来寻找答案。

化石记录表明，一般的规律是，每过 400 万年左右，一些物种会极具规律性和准确性地从地球上消失。而越来越多的证据表明，与体型大的物种相比，体型小的物种可能更能适应生存环境的改变。

现在想想看：灭绝对于地球上的生命来说或许十分必要。想理解这个论点，请做做下面这个思维实验。

想象一棵典型的生命树。起点是树干底部，它代表了落户于这棵树的首批物种。（想象一下鱼类初次在陆地上行走、呼吸空气的情形。）随后的几代都成功地在陆地上存活下来，新物种也逐渐进化出不同的适应陆地生存环境的方法（例如长出四肢、爪子或皮毛等）。这批新物种代表了这棵生命树树干上长出的树枝。

但也有一些物种为了适应生存环境而做的努力是以失败告终的。这种情况下，一些物种灭绝了，或为了能够存活下来而做出了改变。这些物种代表了生命树树干上长短不一的树枝和从树枝上掉落下来的分枝。这棵生命树上仅有一部分树枝（即物种）存活到了现在。这种情况下，生命树最终变得七零八落。

现在想象一棵没有一个物种会灭绝的生命树。这棵生命树上每一枝由首批物种进化而来的树权（即物

进化得过细导致澳大利亚的考拉只有依靠桉树才能够存活

种）都会不断进化，存活到现在。这棵生命树不停地开枝散叶，每个物种都会进化出新物种，新物种在自然环境中不停地开拓已经变得越来越小的席位。这样一来，地球上整个生物体系内将会充斥着数不清的物种，地球上可利用的资源被每个物种不停吞噬着。当生物多样性发展到不可控制的地步时，物种形成将慢慢停止。

生物学家很清楚地知道，一个物种进化得越细，这个物种在面对地球生存环境不可预测的变化时就会越脆弱。澳大利亚的考拉就是这样一个实例：进化得过细导致考拉只有依靠桉树才能够存活，如果桉树灭绝了，考拉这个物种也会毫无悬念地跟着灭绝。

那么，问题就变成：生命会不会制定出一个更倾向于极端物种形成的计划？在这个计划中，包含了物种灭绝的可能性，最终确保的是，在小行星撞击、冰期、病毒侵袭、人类无休止的狩猎、地震、洪水等所有天灾人祸面前，最具适应性的物种能够逃生。

你的答案是什么？非禽类恐龙的灭绝是否是不可避免的？

鸟类的祖先

66

兽脚类恐龙进化成鸟类是生命进化史上最伟大的进化历程之一。

——选自《当代生物学》上刊登的论文

99

恐龙中的某些种类躲过了灭顶之灾。它们长出了胸骨、翅膀和羽毛，随后便飞向了更安全的生存环境。这类恐龙就是现代鸟类的祖先。

恐龙如何进化成鸟类这个问题难住了古生物学家，但目前答案正逐渐变得明朗起来。

这个问题之所以难回答，是因为科学家在进化如何起效的问题上

尚未达成共识。就像爵士乐有中心主题，但也会根据中心主题即兴变化出不同主题一样，在进化如何起效的问题上也存在两个中心主题和其他几个变化出的主题。本文主要探讨两个中心主题。

"线系渐变论"。这种理论认为，大部分新物种都是一点一点缓慢产生的，属于循序渐进式，需要花费

很长一段时间才能定型。某一物种所有成员会在一段时间内不约而同地发生变化，直到这种变化将老物种变成新物种。

"点断平衡理论"。这一理论的要义也可以从它的名字中看出。想象一个句号或者叹号吧，该理论认为，一个物种在很长一段时间都没有什么显著变化（某些科学家将这一情况称为"停滞"），随后，在到达某一个时间点后（即那个叹号），该物种在短时间内（从地理学层面来说）经历快速变化，变化的结果要么是灭绝，要么是从原始物种中进化出一个全新物种。

用以上两种进化理论作为指导，古生物学家试图弄清鸟类是在何时、通过何种方式从它们霸王龙模样的亲戚那里进化来的。遗憾的是，他们没能从化石记录中找到一个清晰的标志点，能够表明就是从那一刻开始，恐龙进化成了鸟类。

有个国际研究小组近期的努力让这方面的研究变得稍稍容易了一些。这个研究小组绘制出了迄今为止最详尽的恐龙到鸟类进化图谱。这个小组的研究员都是"兽脚类恐龙工作组"的成员，他们在研究过程中或许已经发现了进化的内在机制。

这是美国自然历史博物馆开展的一个项目，旨在尽可能多地发现各种兽脚类恐龙之间的进化关联。虽然听上去有些复杂，但实际上简单易懂。

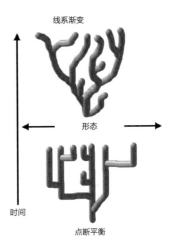

图中上图是传统的线系渐变式演化模式，下图则是点断平衡理论呈现的长期停滞、快速演化

恐龙进化图谱或恐龙家族的生命树（学名为"种系发生树"）是根据某些具体的宏观和微观的身体特征，将彼此有关联的恐龙化石分成一组。例如，髋骨上有没有洞，牙齿是否因为长期咀嚼多纤维植物而留下磨损的痕迹，又或者股骨的大小和形状。不同恐龙个体间共有的身体特征越多，意味着这些个体在活着时彼此间的关联越紧密。分组后便形成了"科""属"和"种"，其中属于同一"种"的恐龙个体间的关联最为紧密。研究人员会用线来描绘每组恐龙之间的关联，类似一棵树的树干上长出的一枝枝树杈，而整体结构则形似一棵大树。

为了探寻某种恐龙的进化过程，弄清它是怎么随着时间而发生变化的，古生物学家需要自己描绘或借鉴他人已经画好的种系发生树。此次，研究员锁定从兽脚龙亚目演化出的一支——虚骨龙，绘制出新的恐龙到鸟类的种系发生树。

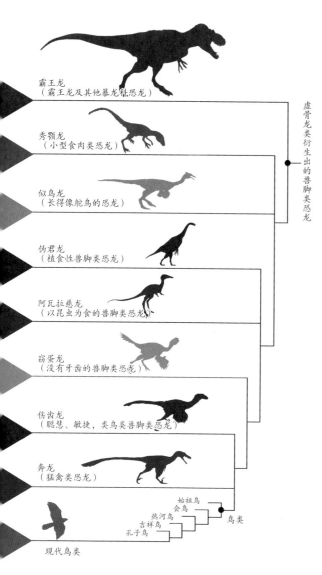

霸王龙
（霸王龙及其他暴龙科恐龙）

秀颚龙
（小型食肉类恐龙）

似鸟龙
（长得像鸵鸟的恐龙）

伪君龙
（植食性兽脚类恐龙）

阿瓦拉慈龙
（以昆虫为食的兽脚类恐龙）

窃蛋龙
（没有牙齿的兽脚类恐龙）

伤齿龙
（聪慧、敏捷，类鸟类兽脚类恐龙）

奔龙
（猛禽类恐龙）

始祖鸟
会鸟
热河鸟
吉祥鸟
孔子鸟
鸟类

现代鸟类

虚骨龙类衍生出的兽脚类恐龙

新的种系发生树的不同在于，它将所有虚骨龙群组都包括在内，比如霸王龙，而不单单只包括拥有鸟类身体特征的兽脚类恐龙群组。研究员随后整合了一个数据集，包括 150 种已灭绝的虚骨龙最优质化石的相关信息。之后他们又研发出了一个计算机模型，对虚骨龙种群

的 853 项特征进行数据分析。由于研究将鸟类放在更宽泛的演化背景中，加上极其精细的化石比较，最终成功地追溯了过去几千万年间恐龙到鸟类的进化历程。

不过，研究小组也没能从化石记录中发现恐龙和鸟类之间存在直接关联。但他们的发现意义重大。

打个比方，一个发明家一直自己在小屋里倒腾，打算创造出一项新发明。他尝试了一个又一个计划，制作出一件又一件东西。造好的能用的留下来，其他的放在一旁。自始至终，没人明白这位发明家要做出一件什么东西来。突然有一天，发明家决定把所有的部件组合起来，每一个部件都完全适用于他的新发明，这时他可以把自己的成果公之于众了。"兽脚类恐龙研究组"的发现就类似于这位发明家制造的零散部件。

研究小组对恐龙身体在几百万年间发生的变化进行了分析，发现从非禽类恐龙到禽类恐龙的转化并非是"一蹴而就"的。相反，就像那项神秘的发明一样，恐龙身体产生的变化十分微小，且是在经年累月间慢慢产生的。事实上，假如一名自然学家一直研究中生代时期的恐龙，那么他会发现，伶盗龙属恐龙与始祖鸟类恐龙之间的差异并不明显。

一旦鸟类所需的所有身体构造包括羽毛、胸骨、翅膀、气囊等由

比较美颌龙、始祖鸟和鸡的形体、前肢和翅膀，可以看出进化演变的可能

恐龙的身体进化齐备，一副基本鸟类骨架形成后，鸟便自然而然地要展翅翱翔了。

研究人员目前还无法说清鸟类为什么会以这种方式完成进化，但他们猜测鸟儿进化的方式会在某种程度上揭示进化是如何起效的。

按照研究人员的思考方式继续推理，你就会发觉他们的发现支持了"点断平衡理论"。他们将禽类身体构造的最终成型视为鸟类进化历程中的叹号。他们指出，最后在鸟类骨架到位，变得与恐龙的身体构造截然不同时，鸟类迅速分化出了如今在天空中飞翔的成百上千种鸟类。

翼龙曾被人们认为是"会飞的恐龙"，起源于约 2.2 亿年前的晚三叠纪，灭绝于 6550 万年前的白垩纪末期。翼龙比鸟类早约 7000 万年飞上天空，是最早能飞翔的爬行动物

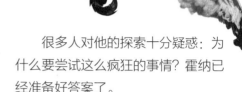

小鸡逆进化

古生物学家杰克·霍纳（Jack Horner）打算改造小鸡。他是什么意思？

经过多年的辩论，几乎所有的古生物学家都赞同现代的鸟类是由兽脚类恐龙进化而来的观点。兽脚类恐龙包括暴龙或迅猛龙那样用双足行走的恐龙。一些科学家认为，现代鸟类就是恐龙，因为它们有很近的基因联系。

不过，鸟类能否被称为恐龙对霍纳来说其实无所谓。因为这种相近的基因关系，霍纳相信有可能将鸡"逆进化"为迅猛龙。或者像他所说的那样：改造鸡。对霍纳来说，改造鸡涉及手、牙齿和尾巴。

美国著名古生物学家杰克·霍纳打算让现代的鸡返祖，从而造出恐龙

很多人对他的探索十分疑惑：为什么要尝试这么疯狂的事情？霍纳已经准备好答案了。

大多数人，特别是小孩，对恐龙和神秘的恐龙生活以及它们曾经对地球的主宰特别着迷。它们中诞生了地球上有史以来最大的陆生动物，值得我们关注。

由于这种关注影响到日常生活，甚至今后的职业选择，使得霍纳这样的古生物学家致力于寻找它们的科学依据。

霍纳想改造鸡，还有另外一个原因。

在古生物学的科学圈子里，霍纳是个标新立异的人，是个边缘者，是个自由思想家。霍纳的职业生涯由于他不断质疑一切并进行无止境的探寻而蓬勃发展，他的想法影响了古生物学的研究方向。他认为，恐龙科学到了一个应该改变方向的时刻，改造鸡对此会有所帮助。

他能说服你吗？

你觉得将鸡逆进化成迅猛龙有可能吗？这是霍纳列举出来的几点可能性：

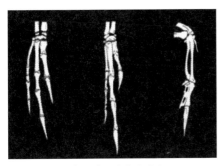

迅猛龙、始祖鸟、鸽子的骨骼对比

1. 现代的鸟类，包括鸡，都是双足恐龙的后代，两者的基因有非常紧密的关系。关于基因和DNA（脱氧核糖核酸）的科学认识在不断深化，研究工具也在不断发展。霍纳引用了热门的发光鱼作为例证——这是将控制荧光的基因插入到鱼的基因中而产生的物种。人们培育出的第一批发光鱼是利用水母基因得到绿荧光效果的。

2. 古生物学家发现一些恐龙长有羽毛。

3. 迅猛龙爪子的三根趾骨和鸟类翅膀的骨骼具有相似性。经过几百万年的进化历程，迅猛龙三根独立的指爪融合在了一起。现代鸟类翅膀包含了融合在一起的骨骼。通过控制基因，也许鸡的翅膀的融合骨可以逆进化为三个爪子。

4. 鸡没有牙齿和真正的尾巴。然而，在一些特殊情况下，鸟类的胚胎具有牙蕾和尾巴，虽然这种突变的鸟类很少能够成功孵化。

5. 几百年来，人类已经在通过繁殖计划改变着家畜和宠物了。狮子狗看起来完全不像狼，然而人类培育狮子狗是从狼开始的。

组织团队改造鸡

诺贝尔物理学奖获得者约翰·巴丁说："科学是一种协作，几个人联合工作要比一位科学家独自工作高效得多。"

杰克·霍纳知道合作的价值，当不知道如何着手时，他会寻求帮助。改造鸡项目的不同部分需要很多他不具备的技能和知识。因此，他组建了一个团队。

在落基山博物馆，霍纳监督建立了两个实验室，学生和古生物学家在实验室里寻找控制蜥蜴尾巴生长的基因。克莱姆森大学和佐治亚大学的研究者也参与了修复鸡尾巴的项目。

在加拿大的麦吉尔大学，另一组研究者在对现代动物进行研究，试图寻找从手到翅膀进化发展的线索。在威斯康星大学，正在进行的培育鸡牙齿的研究已经有了进展。

逆进化工具箱

从某种意义上说，改造鸡是为了寻找连接现代鸟类和兽脚类恐龙之间的基因链，并沿着这个关联回到过去。

方法之一就是找到并打开返祖基因。返祖现象指的是基因储存了有机体的既往历史信息，然后被表达出来。

一般认为，当一个动物，譬如迅猛龙，曾经存在过并随着时间不断进化，那么那个动物进化产生的身体变化就是它对生活方式和生活地点做出的适应。这些变化可以不明显——比如爪子的长度，或者非常明显——比如整体体重和大小。适应环境有助于动物生存。随着时间的推移，这些变化逐渐被编码进入动物的基因。这些变化的基因能够随着动物的繁衍传递给后代。最终，曾经的迅猛龙变成了鸟。

科学家发现，不是所有生物体内的DNA都会对变化进行编码并存储，还有一些基因只是简单地关闭了，这些基因呈现出的就是在现代动物体内隐藏并且静止了的返祖现象。返祖基因包含让动物长出像长的利爪或者强壮的鞭子样尾巴的基本信息，这些特征在久远的过去有助于动物的生存。

鸡携带着从它们的祖先那里继承来的返祖基因，比如长牙的基因。

威斯康星大学的一名学生作为研究鸡牙的带头人，发现储存在罐子里的鸡胚在它的喙底下隐藏着牙蕾。

威斯康星大学团队又进行了另外的实验，他们处理了鸡的基因，从而培育出了正常的、上下颌整齐地排列着牙蕾的非变异的鸡胚。这些是修复鸡牙的良好开端。

那么手和尾巴呢？

这个团队运用了一种被称作"演化发育生物学"的方法。演化发育生物学是对进化发育生物学的一种速记，它聚焦分子结构随着时间推移发生的变化。演化发育生物学在改造鸡上的应用使我们发现，大自然母亲在可能的情况下喜欢让进化过程变得简单。

所有的生物体，从最复杂的生物到单细胞生物，都有DNA，其中具有遗传效应的片段是基因。基因的具体数目取决于生物的复杂程度。研究发现，所有的生物体都有一套通用的同源异形基因。

同源异形基因就像一个能控制你家里所有电子设备的通用远程遥控器。在生物体中，同源异形基因能对蛋白质进行控制。在生物体早期的胚胎阶段，它们能决定一个器官的初始

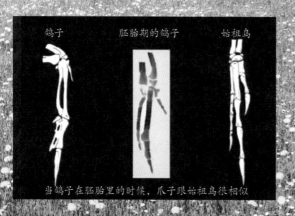
当鸽子在胚胎里的时候，爪子跟始祖鸟很相似

结构。如果小鸡改造团队能找出操控这个通用遥控器的方法，他们就离制造出鸡手和鸡尾巴更进了一步。

举例来说，古生物学者最近在中国发现了一种有喙的鸟样恐龙，他们称之为"难逃泥潭龙"（在一个恐龙跌入的井里，发现了几副摞在一起的骨架）。这个重大发现支持了鸟类翅膀和兽脚类恐龙前肢趾骨之间存在着某些联系的观点，它们的三根趾骨相当于人类的拇指、食指和中指。由于同源异形基因的存在，鸟类翅膀和兽脚类恐龙的前肢趾骨可能遵循了相同的发育模式。

如果小鸡改造团队能了解如何控制同源异形基因，他们就会努力让现代鸟类融合在一起的第二、第三、第四指骨保持分离，从而培育出鸡手。

如果成功了，当小鸡孵化出来时，它的翅膀的末端就会长出爪子。至于尾巴，他们会关闭那些阻止鸡长出蜥蜴样尾巴的基因。

嘿！你知道杰克·霍纳想把鸡逆进化成迅猛龙的真正原因吗？他想要一只迅猛龙当宠物！这就是为什么他要逆进化一只鸡而不是鸵鸟！

你想要一只什么样的恐龙作为宠物呢？想想你要如何喂养它，把它养在哪里，以及怎么和它玩耍。

关于恐龙研究的那些谬误

古脊椎动物学家在过去的时空中探险，走进亿万年前的远古时代，寻找难题的线索和遗落的碎片，然后再试着把它们拼起来。

——杰克·霍纳《恐龙制造》

这套 300 片的恐龙拼图已经折磨了我们整整一个下午。

10 岁的乐乐刚回到家，就闹着要把它拼起来。我看了看表，离晚饭还有 3 个小时，如果我和乐乐一起努力，这还不是小菜一碟？前 100 片进度神速，几乎一气呵成，一只暴龙跃然而出。但之后，我们卡壳了……背景里那一大群迁徙的三角龙几乎一模一样，都有着青灰色的皮肤和挺立的犄角，为什么总是拼不对呢？那片深绿色的鳞甲，是尾尖还是头上的

角？转眼天就要黑了，肚子开始抗议。我提议明天再继续，不过乐乐当然不干，我们就像那对定格在化石里打斗的原角龙和伶盗龙一样对视了一阵儿，结果……

乐乐噘着嘴去做作业，我气呼呼地拿出一只冻鸡扔进锅里，试图快速煮出一锅鸡汤。看着锅里又细又长的鸡脖子，我忽然想到，摆哪儿都不对的那片拼图，会不会根本不属于三角龙，而是脖子细长的伤齿龙的一部分？嗯，我决定再去试试看……

禽龙长了犀牛的角……出了点儿小错，没关系

时光倒转至 1834 年的英国布莱顿，曼特尔医生两眼盯着一块巨大的石板，手中握着一支碳笔，一动不动地呆坐了整整一天。这块从梅德斯通矿井里开采出来的石板内嵌着许多骨骼化石，很像曼特尔十几年前发现的禽龙化石，但是要完整得多。在当时的科学界，恐龙还没有被正式命名。曼特尔之前发现的几个禽龙牙齿化石很像现代鬣蜥的牙，只是要大上 20 倍，并且年代久远。当这些化石被曼特尔当作一个新发现的灭绝物种呈现给科学界的时候，却被视为普通鱼类甚至犀牛的牙齿，遭到了当时泰斗们的疯狂嘲笑。

这块花 25 英镑买来的石板给了曼特尔这位业余古生物爱好者向科学界证明自己的良机。化石复原图他已经快画完了，缺失的头骨和尾骨可以参考鬣蜥，可是那个很大的锥状物该放在哪里呢？现代大型动物中，只有独角的犀牛才有类似的部位。曼特尔只好照葫芦画瓢地把它安在了禽龙的鼻子上。

科学界弄清楚这块锥状物的部位，已经是几十年之后的事了。1874 年，大批完整的禽龙化石在比利时被发现。古生物学家多洛终于从那些化石中看出，那"犄角"并非一只，而是一对，它们也不长在禽龙的

曼特尔的禽龙化石板

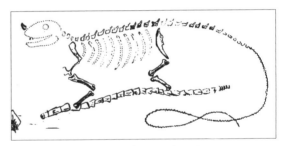

曼特尔的禽龙化石复原图

现代的禽龙复原图

"化石大战"的两位主人公，科普（上）和马什（下）

耶鲁大学皮博迪自然历史博物馆展出的马什"雷龙"化石模型

头上，而是像大钉子一样在向上翘的拇指上。

曼特尔时代的禽龙形象几乎汇集了当时恐龙研究的一切谬误，除了长在鼻子上的"锥子"，还有趴在地上向外撇的四肢，拖在身后的笨重尾巴。而如今科学家公认的禽龙，是一种既可以用四肢行走，又可以用后肢直立的大型鸟臀目植食性恐龙，有着和地面平行的尾巴和两个尖锐的大拇指。不过，曼特尔发现的禽龙是湮没了几千万年的白垩纪恐龙和人类的第一次照面，他的几个小错，可以说是瑕不掩瑜。

雷龙，化石大战造就的传奇

1879 年的美国怀俄明州，古脊椎动物学家马什在西行的火车上颠簸了几夜，终于到达了科莫崖下。这片沉睡了亿万年的晚侏罗纪沉积岩层两年前蓦然被铺筑路轨的铁锤敲醒。消息灵通的马什很快就得到了工人们挖掘出巨型远古动物化石的消息，他立刻派助手在科莫崖建起了开采站。两年时间里，马什从科莫崖获得了大量的前所未有的化石，在美国科学期刊上频频命名新的恐龙，包括异特龙、剑龙、迷惑龙等。这么多新的重磅发现一下子把另一位和马什齐名的古生物学家科普远远甩在了后面。

科普和马什的"化石大战"已经打了将近 10 年。当初，科普曾经把薄片龙（一种蛇颈龙）的头安到了尾巴上，被马什一眼看穿，无情嘲弄，科普从此怀恨在心，处处跟马什对着干。马什也绝不是省油的灯——科普曾带他到新泽西的一处化石坑参观，他转身就贿赂了化石坑的管理员，把本应寄给科普的化石偷寄到他那里。马什不断收到科普雇人在科莫崖捣乱的报告，这下他非亲自上阵不可了。

站在烈日炎炎的科莫崖下，马什看到了助手们正在挖掘的巨大骨骼化石。这些化石看上去比自己两年前发现的迷惑龙还要大许多，"历史上最大的恐龙"马上要被马什一边他发现了！马什一边叮嘱助手们加快进度，一边给所有人都配上枪支，提防科普的人又来捣乱。

回到耶鲁大学，马什第一件事就是给这头恐龙取一个恰如其分的名字。想象一下 20 多吨重的庞然大物从远处走来，脚步重重地落在地上，必然如响雷阵阵，于是，"雷龙"诞生了。遗憾的是，整理出来的两具骨架都缺了头骨，如果这么展示出来，恐怕达不到惊人的效果，怎么办呢？马什灵机一动：这样的巨兽一定会有坚硬的脑袋！于是他参考当时发现的脑袋最结实的蜥脚

马什为雷龙做的头骨化石

类恐龙圆顶龙，用采自各地的化石拼了个头骨。组装起来的雷龙被放在耶鲁大学皮博迪自然历史博物馆的大厅里正式展出，整个世界轰动了……

后来的古生物学家发现，马什的雷龙和他自己之前命名的迷惑龙本是同一种蜥脚类恐龙。当时发现的迷惑龙尚未成年，雷龙其实是成年的迷惑龙。因为迷惑龙得名在先，雷龙这个物种根本不能成立。在雷龙得名百年之后的 1979 年，正确的头骨终于被归位。而雷龙早已成为大众文化的宠儿，在好莱坞大片和文学作品里频频现身，就连美国邮政局 1989 年发

迷惑龙

行的恐龙邮票也称迷惑龙为雷龙，引起了科学界的一片哗然。

科普和马什在竞争白热化的时候，常常顾不上分析比较就匆匆宣布，草率起名。到两人钱财耗尽，"化石大战"尘埃落定的时候，马什宣布发现的恐龙有 80 种，科普屈居第二，也高达 56 种。他们发现的 136 种恐龙中，目前最终能够得以确认的只有 32 种。至于剩下的 104 种，我们就不用再详述了。

不知者不为过？

走在恐龙研究最前沿的古生物学家杰克·霍纳曾经说过："科学并非一组正确答案，而是不断提问、再提问的过程。知识总是暂时的，不是旧的答案被推翻了，而是那些答案要么还不周全，要么并非到处都能行得通。"

人类最早的关于恐龙的错误认知恐怕就是龙的传说了。中国是龙的发祥地，神话中的龙有着长长的蛇身。中国也是马门溪龙的故乡，这种中国独有的侏罗纪晚期蜥脚类恐龙的修长的脖子占了全身的一半。这个恐龙家族新添的成员是在重庆市綦江区附近发现的綦江龙，身长有 15 米，脖子将近 8 米。这副恐龙化石从头到尾的骨骼非常完整，唯独缺失了前后肢。祖先们挖到的"龙骨"，会不会就属于这种奇特的长脖子恐龙呢？

恐龙的名字无奇不有，最冤的莫过于窃蛋龙。20 世纪初，这种小型兽脚亚目恐龙在蒙古高原被发现的时候，它的头骨离原角龙的蛋巢非常近。古生物学家奥斯本根据它尖利的鸟喙一样的嘴和蛋巢里破碎的蛋壳，提出了这种恐龙偷蛋为食的假说，又冠之以"窃蛋龙"的名号，这个黑锅一背就是半个多世纪。不过奥斯本自己也

马门溪龙

曾说过，"窃蛋龙"的名字也许并不合适，会让人们对它们的食性和特征产生误解。果不其然，近几十年来，窃蛋龙的近亲不断被发现，人们也确认所谓的"原角龙蛋巢"其实是窃蛋龙自己的。在窃蛋龙的胃附近还发现了小蜥蜴化石，而周围的地层里又富含蛤蜊类的软体动物的甲壳。因此，窃蛋龙根本没有偷蛋。它平时以利嘴捕食蜥蜴、蛤蜊等小动物，至死都在保护着自己的那窝蛋！

经过200多年的恐龙研究，无数假说被更多的证据推翻，人类对恐龙的认知也日新月异。博物馆里的标本和书架上的科普读物如果不及时更新，会常常被发现带着可笑的谬误。近年来，在阿根廷发掘出一个比一个巨大的恐龙化石，不断打破恐龙长度、高度和重量的纪录；在中国辽宁发现的种种酷似鸟类的小型恐龙，又给恐龙向鸟类进化的过程接上了关键的一环。恐龙研究的技术也从野外发掘扩展到了分子古生物学、基因工程和云计算……这些新的科技又会发现哪些新的错误呢？

也许更重要的是，为什么人们不停地犯错，但还是锲而不舍地研究恐龙呢？我认真地问过乐乐，四年级的他瞪大了眼睛："还用说吗？恐龙可是世界上最神奇的动物啊！"

终于，我和乐乐拼好了300片的恐龙拼图，鸡汤也炖好了。今天的汤不只是给全家喝，乐乐还要把里面的鸡骨头全部挑出来，洗好晒干，带到学校去。下周他的科学实验课是用鸡的骨头拼恐龙化石模型。乐乐已经开始犯愁了，因为鸡的尾巴跟所有鸟类一样，只有一个短短的由尾骨进化而来的尾综骨，怎么用它做恐龙的尾巴呢？

护蛋姿态的窃蛋龙模型

哈！我还真有个建议。杰克·霍纳教授和他的同事们正在美国蒙大拿州试验培育能长恐龙尾巴的鸡，这个问题可以请教他呀！

4700 万年前，一只乌龟潜入热带湖泊，却不知往下几十米深处的湖水是有毒的。陷入淤泥中的乌龟，天长日久便成了化石。当时的热带湖底演化成今日的油页岩。这一切就发生在今天德国的达姆施塔特市附近

恐龙化石的足迹

科学家从化石中探究地球上的生物经历了怎样的发展过程。

99

　　很久很久以前，或准确地说 4700 万年以前，在地质时代的始新世，现今世界自然遗产之一的麦塞尔化石坑还是一片热带雨林，中间有一个小湖泊。那时，树梢上荡悠着猿猴的祖先，灌木丛中穿梭着满身鳞甲

的哺乳动物，各种昆虫趁它们的天敌——蝙蝠睡觉的时候在空中飞舞，草丛中的蛇悄然无声地爬着，4 米长的鳄鱼在水边晒着太阳，湖里的鱼在跳跃。有只乌龟悠然自得地游着泳，它全然不知死亡即将降临。

如果这时附近隐藏的是一个强大的天敌，它也许还能发现，但周遭却是一派祥和景象。乌龟在水里越潜越深，它没有料到，就在它身下 10~20 米深处，一个死亡的世界正在等待着它——那片水域释放出的不是氧气，而是致命的毒气，因为当时水下有一座火山就要喷发。当时的乌龟不仅能浮出水面呼吸，还能在水中通过皮肤呼吸，而这一点却成了它致死的原因，因为毒气就是这样进入它体内的。乌龟的尸体沉入淤泥中，很快被掩埋起来，等到被今天的科学家发现时，它早已成为化石。

揭示远古时代的秘密

"化石"这个词的英文"fossil"源于拉丁语"fossilis"，原意是"被埋起来的"。科学家从事化石的研究，目的是更多地了解远古时代的生物及其进化过程，也就是说要了解远古生物是如何进化成现代的状态的。这些科学家被称为"古生物学家"（paleontologist），在希腊语里，"palaios"的意思是"老"，"on"的意思是"存在的"，"logos"的意思是"学科"。

就在不久前，古生物学家还确信：如果动物死去，它的有机组织，像皮肤、肌肉、内脏和韧带会很快腐烂掉，只有骨架能大部分留下来；但即使骨架保存下来了，其中的细胞组织、蛋白质和血管还是会腐烂。但最近科学家们了解到：有机残骸也有可能存留下来，甚至会保存几百万年之久

古生物学家的工作有点儿像法医，他们的研究对象很多属于非正常死亡，就像麦塞尔湖里至少有9对突然死亡的乌龟，当然总数肯定不止这些。由于微生物和那些以尸体为食的动物的作用，大部分残骸早已消失，少数剩下的又往往被夹带着沙子、淤泥、沥青、树脂或冰块的沉积物迅速彻底地掩埋起来，里面的有机物质也渐渐腐烂掉了。取代这些有机物的是矿物质，有时残骸中原来是软组织的地方被矿物质填满。经过上百万年的时间，周围的沉积物逐渐变硬，成为沉积岩，而残骸则保留了被掩埋时的结构，变成了化石。

有时在地面就可以找到化石，因为地质变动、气候等原因，它们露出了地面。大部分情况下它们隐藏在岩石中，要想完整取出来可不是件容易的事。有些化石巨大无比，有些则需要用显微镜才能看见。一支毫不起眼的粉笔，就是由数个白垩纪时期生活在浅海中、死后沉入海底的单细胞动物的碱质外壳组成的。

镶嵌在石头里的化石会遭遇与石头同样的命运：受到挤压，缩成一团，还会破碎，或者走样。古生物学家只好想尽办法，利用新技术来识别各种体格构造的细节。那只麦塞尔乌龟早已被压扁，就像一条比目鱼。尽管如此，古生物学家还是能够查出它是雄性还是雌性。他们利用特殊拍摄技术，能够辨别在它的腹部硬壳上有没有便于生蛋的、像折页一样的构造。

古生物学家甚至利用计算机断层扫描仪对麦塞尔蝙蝠的头骨化石进行透视，这是医生用来检查患者的高科技透视仪器。古生物学家发现：这些蝙蝠的内耳在大小和形状上与现在的蝙蝠相同。也就是说，在始新世时期，这些凶猛的生物就已经拥有了灵敏的听觉，能利用超声波定位捕食昆虫。

化石研究要求古生物学家具备丰富的想象力。他们发现的往往只是一块骨头或一颗牙齿的化石，然后拿这

如何判断化石的年龄？

丹麦医生尼古拉斯·斯坦诺认为：岩石是一层一层堆积起来的，时间久的往往被压在下面。200年前，英国工程师威廉·史密斯进一步发展了这个理论。他发现：化石一般与它藏身的石层同龄，而且有些动植物只在地球历史中的某一阶段存在。借助这些"指标化石"，如一些菊石的化石，史密斯编制了一部地球史。古生物学家和地质学家至今还在使用这些指标化石。

物理学则提供了另一种推测化石年代的可能性。在沉积过程中，大自然中到处可见的放射性原子也被锁在当中。由于它们以一定的速度不断衰变，而它们最初的数量是可知的，科学家往往可以根据剩余的原子数量推算出化石的年龄。

放置于内蒙古博物馆的中华龙鸟化石

些东西和其他熟悉的化石、现代动物的骨架或口腔部位进行比较，然后推断：这个新发现属于哪类物种？与哪一种现代动物同宗？从它腿骨的长度看，它的整体长度是多少？

去实地考察！

发现化石的理想地带可能是人烟稀少的野外，古生物学家最好体魄强健、敢于冒险，还要团队协作。比如，在 9000 万年前的白垩纪，亚洲的戈壁地区曾是广阔的热带大草原，那里奔跑着成群结队的恐龙。想象一下，有一片广阔的大草原，生活在那里的不是羚羊和斑马，而是恐龙，那就是白垩纪时的景象了。然而，湖水又一次为动物设下了危险的陷阱，这一次夺去了 20 多条中华龙鸟的生命。这些龙鸟当时只是来到湖边饮水，等待它们的却是噩运。究竟发生了什么呢？

来自美国、中国和蒙古国的科学家们很快就发现：这些龙鸟是在同一时间死去的，它们的四肢都伸向同一个方向，显示出当时它们正成群结队地前行。它们的骨头几乎完整无

德国卡尔斯鲁厄国家自然博物馆的中华龙鸟化石（复制品）（图片来源：莱兹）

缺——看来还没等那些食尸动物和鱼来享受美餐，湖水冲过来的泥沙就把这些龙鸟的尸体掩埋了。沉积岩上特有的"V"形清晰地表明，这里曾经是沼泽地。当时很可能因为绝望，它们使劲蹬腿，才留下了这样的印记。

一方面，由于带着化石的石层越陷越深，科学家为了找到证据，不得不更艰苦地工作；另一方面，古生物学工作多多少少也靠碰运气。而这次他们的确幸运，在一场与当地驻军举行的篮球赛中，一架建筑机器引起了科学家的注意。比赛双方成了朋友，几天之后，士兵们跟科学家一起，带着这架沉重的机器来到挖掘现场。这

架机器的确派上了用场，露出来的化石越来越多。龙鸟的后腿深深陷在沼泽的淤泥里——显然，这些饥渴的龙鸟把沼泽误认为湖岸，陷进去之后就再也出不来了。

如今，科学家对这些中华龙鸟有了更多的了解。他们发现：这些龙鸟都未成年，因为它们脊椎的有些结构还未长拢。来自芝加哥大学的保罗·塞雷诺先生参加了研究工作。他说："有些迹象表明，恐龙的后代很早就离开父母去寻找自己的伴侣，然后筑巢生仔，照看下一代。它们在青少年时期会结伴成群，因为这样能更好地保护自己。"

软组织

中华龙鸟背上长着长长的像鬃毛的东西，科学家认定这就是羽毛的前身。至于这些鬃毛对恐龙有何用处，科学家只能猜测：或许是吸引异性的装饰物，而且还能在交配期闪亮变色；羽毛不仅有防寒作用，还能节省能量。

近年来，越来越多的化石证据证明了带有鬃毛或是羽毛的恐龙的存在。在德国南部发现的一个长有羽毛的新种恐龙进一步改变了人们对掠食性恐龙外观的看法。阿氏似松鼠龙（Sciurumimus albersdoerferi）大约生

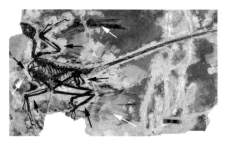

小盗龙的羽毛翅膀（箭头处）

活在 1.5 亿年前，该化石提供了首例与鸟类没有密切亲缘关系的带羽兽脚类恐龙的证据。阿氏似松鼠龙化石不仅羽毛引人注意，而且其化石骨架更是欧洲有史以来发现的最完整的掠食性恐龙的骨架。

科学家在化石中很少能找到恐龙软组织的痕迹，只能通过骨骼和牙齿的化石来认识它们。但有一个例外，那就是在德国巴伐利亚州的索伦霍芬和巴登-符腾堡州的霍尔兹马登发现的 1.55 亿年前的存有羽毛的始祖鸟化石。侏罗纪时期，沉积岩不断积累，当时的德国犹如现在加勒比热带浅海中的一个岛屿，拥有能够完好保存尸体外

阿氏似松鼠龙

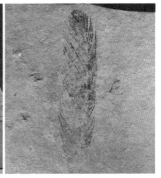

尾羽龙化石和其胃内容物

最早发现的始祖鸟羽毛化石

形最理想的天然条件，甚至能保存像羽毛之类的痕迹。自1860年德国首次发现始祖鸟的羽毛以来，始祖鸟一直被认为是鸟类的祖先，即恐龙和禽类的结合体。然而，后来在东亚发现的化石表明，远古时代动物身上的羽毛与飞行并无关系。

近几年古生物学家对恐龙的了解有了很大突破，不仅发现了软组织化石，甚至还发现了远古时期的有机物质。美国专家玛丽·施韦策在一个6800万年前的霸王龙骨头里发现了血管，里面甚至还有红色的像血细胞一样的东西，她自己都不敢相信这会

是真的。于是，她的上司——恐龙专家杰克·霍纳对她说："那就请您想办法证明这不是血细胞！"

施韦策想尽办法，做了各种实验，都无法推翻，这就越加表明：这个在蒙大拿东部发现的被称为"大麦克"的霸王龙的确还保留着自己的血细胞——这简直是奇迹！如今，大多数古生物学家都相信了这一点，还有些古生物学家也从恐龙化石上发现了骨质细胞和羽毛残迹。他们推测：很可能由于尸体腐烂产生的腐蚀性液体迅速通过泥沙渗出去，这些残骸才能够保存得如此完好。

北票龙化石在中国辽宁省北票市被发现，是迄今发现体型第二大的有羽毛恐龙

有史以来从霸王龙化石中发现的唯一软组织。这个从6800万年前的霸王龙大腿骨取出的组织，看起来像血管、细胞和蛋白质。

恐龙研究的新点子

第二次恐龙复兴

"王鼻子"，这是人们给最近考古发现的一种鸭嘴龙科恐龙起的名字。这种植食性恐龙的学名叫鼻王龙，生活在距今约 7500 万年前的白垩纪晚期。

与其他鸭嘴龙科恐龙不同，鼻王龙头上并没有骨状或肉状冠，而是顶着一个巨大的鼻子。此外，和其他鸭嘴龙科恐龙化石被发现的地点不同，人们不是在一个多石的山头发现鼻王龙化石的，而是在美国杨百翰大学密室的架子上。

几十年来，恐龙化石猎人一直靠锄镐和铲子干活。为了搜寻恐龙遗骸，他们每年夏天都会炸烂凿碎成吨的石头。各个大学的实验室和各大自然博物馆里堆满了或零或整的恐龙骨化石。数量可观的恐龙化石或被留在板条箱和石膏保护套里，或被放在储存箱中，没机会向人们讲述自己的故事。

这种情况目前已经发生改变。一些古生物学家甚至将这一改变称为恐龙科学史上的"第二次文艺复兴"——古生物学家正在采用一些全新的方法，更加深入地研究恐龙的生存状况以及恐龙时代的整体风貌。

新方法之一就是重新查看已经发现的化石，鼻王龙的研究就是一例。

20 世纪 90 年代，鼻王龙化石存放在美国杨百翰大学。那时古生物学家研究的兴趣点集中于鸭嘴龙躯干骨骼上发现的皮肤印记，没有时间理会还在岩石中的头骨化石。之后，有两位博士后研究员决定查看恐龙的头骨。两年后，鼻王龙被发现。古生物学家的研究获得新的启示。

鼻王龙化石最初是在美国犹他州一个名为尼尔森的地区被挖掘出来的。地理学家清楚该地区很久以前的自然环境，这片区域曾是河口的一片多沼泽的低地，淡水和咸水在附近的

鸭嘴龙科的埃德蒙顿龙的颅骨化石

鼻王龙的化石

鼻王龙为什么长了个大鼻子？

负责鼻王龙研究的首席研究员在被问到为什么鼻王龙长了个大鼻子时，他这样回答："鼻王龙为什么会长这么大一个鼻子仍是个未解之谜。假如这类恐龙和它的亲戚一样，它的嗅觉多半不怎么发达（也就是说，这个大鼻子不是用来闻味儿的）。或许这个大鼻子是用来吸引异性的，或用来辨认同种族成员，甚至可能只是鼻王龙喙部的巨大附属品。"随后，他展现了古生物学家的幽默感："我们正在努力用我们的鼻子嗅出这些问题的答案。"

古代海洋汇聚。而距此处约 322 千米的内陆地带则有着全然不同的地貌。其他种类的鸭嘴龙科恐龙（有冠的那种）化石都是人们从内陆地区挖出来的。但早些年的古生物学家并没有检查这具尼尔森地区出土的鸭嘴龙化石有没有冠，就想当然认为跟之前在内陆发现的一样，这就是有冠的鸭嘴龙。由于这种恐龙是在河口发现的，他们就认为这种恐龙既可以生活在河口，也能生活在内陆。直到后来重新检查时，才发现这其实是鼻王龙。

就像一块安放正确的拼图，鼻王龙是一种新的鸭嘴龙科恐龙，这一发现让人们更加清晰地看到了白垩纪晚期鸭嘴龙科恐龙的生存图景。"王鼻子"的发现让人们明白，为了适应不

同的生存环境，鸭嘴龙发生了不同方向的进化。

仅仅是更加仔细地看了落满灰尘的储存箱，古生物学家就发现了恐龙家族生命树上全新的分支。

恐龙大搜索

古生物学家采用的另一种研究方法可以称为"恐龙大搜索"。

这一术语是从生物学家那里借来的，也就是"生物大搜索"（生物多样性普查活动）。在活动中，志愿者会在某个固定时间集中到一起收集每一份能够从某一具体自然环境中获取的生物样本。例如，一场"生物大搜索"可以被安排在一个周末开展，要求每名参与者在某个山谷中收集可能发现的所有两栖动物和爬行动物的样本。

一场"恐龙大搜索"要求参与者

从某一指定化石层中或在具体时间段内尽可能多地收集某一恐龙物种的化石。古生物学家可以从大量收集起来的此种恐龙化石中发现该种恐龙某位成员一生中发生过的解剖学变化。

2010年夏天宣布开展的一场"恐龙大搜索"的结果撼动了整个恐龙猎人界，也引起了一场当下盛行的论战。

古生物学家早在100年前就已经认定三角龙和牛角龙在恐龙家族的生命树上分属不同的两支。虽然这两种恐龙身上存在一些不同之处，但它们之间也存在许多相同点。比如，这两种恐龙都是植食性恐龙，都生活在白垩纪晚期，脑袋后面都长着如盾牌一般坚硬的骨状壳皱。

研究员好奇一场针对它们的大活动会不会揭示出这两种相似生物的新联系。

人们一直在美国蒙大拿州一片化石资源丰富、被人们称为地狱溪地层的地区收集三角龙和牛角龙的化石。这次活动收集到的化石中有40%属于三角龙。这些恐龙头骨小的如橄榄球,大的足足有一辆小汽车那么大。可以确定的是,这些恐龙生前所处的生长阶段各不相同。

而牛角龙遗骸中有两点发现值得人们注意:第一,牛角龙化石数量稀少;第二,没有收集到未成年牛角龙的头骨,每一个收集来的牛角龙头骨都属于大型成年牛角龙。这是为什么?古生物学家对这个问题进行了深入思考,排除了一个又一个可能,最终得出了一个无可辩驳的结论:牛角龙并非单独的恐龙种类,这种被人们叫了很多年"牛角龙"的恐龙实际上是成年之后的三角龙。

支持这一结论的证据就藏在恐龙头骨中。

科学家分析了针对恐龙头骨进行的宏观解剖结果。他们仔细测量了头骨的长度、宽度和厚度,随后检查了头骨的微观细节,如表面质地、构造、壳皱处的细小变化等。科学家在检查后确定,牛角龙的头骨曾被"大规模重塑过"。换句话说,牛角龙的头骨和骨状壳皱在它的一生中经历过巨变。恐龙的头骨一生中可能会发生巨大变化,即使在变硬后也能够重塑。可以说,找到牛角龙头骨重塑过的证据甚至比收集到最大号三角龙头骨的

意义更为重大,其中一些证据表明,牛角龙头骨还经历过进一步改变。

这次活动的发现强有力地表明,一些原本被归为不同种类的恐龙其实属于同一类。如果有进一步的研究支持"牛角龙是长大成年后的三角龙"这一论断,那么,"恐龙为适应自然环境而进化成了不同种类"的结论就显得有些可疑了。因为生活在白垩纪晚期的恐龙,它们的种类也许并没有许多古生物学家认为的那么多。如果恐龙的种类真的比我们原先预期的少,就意味着恐龙也许并不能很好地适应周围环境的变化,它们可能已经在走下坡路了。白垩纪晚期,地球上发生的那场恐龙的浩劫,也许是天气系统和自然环境同时发生巨变造成的。

牛角龙

三角龙

恐龙的体温

恐龙是远古的爬行动物，和鳄鱼有着很深的亲缘关系。恐龙也是鸟类的祖先，鸟类正是源自这种古代巨兽。我们知道，鳄鱼是冷血动物，鸟类是温血动物，那么恐龙呢？

"因为鸟类是从恐龙进化而来的，所以恐龙是温血动物"，"恐龙和鳄鱼都是爬行动物，爬行动物都是冷血动物"……其实答案并没有那么简单，因为冷血动物和温血动物之间的界限并不像你认为的那么分明。

鸟类和哺乳动物是温血动物，这意味着它们能自己产生热量，并且无论外界环境温度如何变化，它们都能保持体温恒定。这点非常重要，因为动物的肌肉、神经系统和消化系统（事实上也就是它们的整个代谢系统）都需要一定的热量来保证全速有效的工作。冷血动物——譬如鳄鱼——则是变温动物，这意味着它们需要外界的热源来提高体温。举例来说：如果鳄鱼在水里感到冷，它就会爬到岸上来晒晒太阳；如果觉得太热了，它又会游回水里降温。有意思的是，因为可以通过外界环境调节自己的体温，冷血的爬行动物完全能够模仿温血动物的代谢系统。但爬行动物不能像哺乳动物和鸟类那样产生热量，这意味着白天它们有可能保持体温，但在释放出热量后它们的体温不会维持太久。比如短吻鳄，虽然这个大块头在岩石上晒太阳的时候看起来动作缓慢，但在需要的时候它能迅速爬起来并且跑得比人还快，只不过它的速度持续不了多长时间。

越大越保暖?

古生物学家埃德・温科伯特、查理・斯博格特和雷蒙德・克里斯1946年对短吻鳄的研究得到了一个令人震惊的结果:小型短吻鳄的体温变化比大型短吻鳄快得多,也就是说,短吻鳄维持体温的能力取决于它的体型。这项发现非常有意义。当温科伯特和他的同事将短吻鳄等比例扩大到10吨重的恐龙的体型时,他们发现,身躯庞大的恐龙的体温经过相当长的时间才会下降——它们可以整夜保持身体的温度(就像温血动物那样),即使周围环境的温度下降了。

美国纽约州立大学石溪分校的古生物学家马特・卡尔诺博士指出:"在某些时候,你并不需要恒温来维持身体器官工作。"就像迷惑龙,单靠体型就足以保证体温不受昼夜温差变化的影响。

最近,有学者在研究大型海龟这类冷血动物时,也发现了类似的特点。大型海龟可以进行远距离的迁徙,穿越有巨大温差的海域却不受影响。它们的体型巨大,可以保证体温在长时间内保持恒定而不受外界突然的温度变化的影响。

现在的大型温血动物——比如大象,有着迷惑龙所没有的烦恼。由于大象的体型庞大,它们存在体温过高的风险。它们的身体系统可以维持体温恒定,但是当外界环境温度升高,它们巨大的体积将导致难以降温。这就是为什么它们进化出了巨大的耳朵——巨大的体表面积有利于水分蒸发,带走热量,并且可以通过耳朵扇风达到降温的目的。

对比迷惑龙和大象,你可以发现,冷血对于大型动物来说是有利的。一些像迷惑龙这样的恐龙通过模仿温血动物可以进行有效的代谢,但这种情况也并不适用于所有的恐龙。"有成百上千种的恐龙,"卡尔诺博士说,"它们不需要完全相同的代谢系统。既然不是所有的哺乳动物都有完全相同的代谢系统,为什么恐龙要一样呢?"

卡尔诺提供了一个论据:能快速飞翔的蝙蝠是哺乳动物,动作迟缓的树懒同样是哺乳动物。

蝙蝠和树懒都是温血的哺乳动物,活动方式却完全不同

骨骼的故事

骨骼组织学也能帮助古生物学家确定恐龙到底是冷血动物还是温血动物。这是一种通过研究化石的微观结构来

帮助研究者判断恐龙的生长方式的技术，就像观察树的年轮。通过在显微镜下研究迷惑龙肩胛骨的骨环，古生物学家克里斯蒂·库里·罗杰斯确认它的生长非常迅速，11 岁到 12 岁的它们就已经达到了成年的体型，这一点和哺乳动物很相似。这些能证明恐龙是温血动物吗？

事实上，这并不容易。一些古生物学家认为，迷惑龙的骨骼生长只能证明这种恐龙生长迅速，仅此而已。"这里其实并没有什么真正意义上的争论。"卡尔诺解释说。

羽毛说明了什么？

最近在中国发现的一些化石证明了很多兽脚亚目的食肉恐龙——比如行动迅速的迅猛龙——都有羽毛！有羽毛也许不能说明什么，因为对于很多动物来说（包括现代的动物），羽毛只是用来展示和吸引配偶的，和保温毫无关系。

不过卡尔诺认为，羽毛是"恐龙是温血动物"的最有力论据，"（根据现在对鸟类的研究，）有羽毛确实提示了这种生物是温血动物"。"小型冷血动物不需要担心温度损失，因为它们的身体可以忍受昼夜温差变化"，这就是为什么幼年短吻鳄没有羽毛或其他御寒方式也能存活。"但是小型温血动物不能应对这种温度变化，因此对它们来说，

迅猛龙的羽毛

刚出生的短吻鳄，并没有额外的御寒措施

防止体温过低十分重要"。当然，幼年恐龙也有可能需要靠羽毛保温，直到它们长到足以实现冷血动物的身体保温功能为止。

那么回到我们的问题：恐龙到底是温血动物还是冷血动物？其实，没有人知道肯定的答案，下面的每一种设想都有可能是真的：第一，冷血鳄鱼最早的古蜥祖先有一支进化成了恐龙，因此很有可能早期的恐龙曾是冷血动物；第二，如果像很多古生物学家认为的那样，鸟类是从小型食肉恐龙进化来的，那么有可能有一支特殊的冷血恐龙进化成了温血的鸟类；第三，"有这样一种可能性，"卡尔诺说，"恐龙可能处在温血和冷血中间的代谢模式。在现在的物种中我们见不到这种代谢模式，但这并不意味着过去不存在。"

第 III 章

[喜爱恐龙，
从这里开始！]

- 杰克·霍纳的恐龙梦
- 听杰克·霍纳说恐龙
- 两个恐龙迷的一周
- 世界上的恐龙博物馆

杰克·霍纳

杰克·霍纳的恐龙梦

假如你在 8 岁那年发现了一根恐龙骨头，那么之后你也许会自然而然地成天做着与恐龙有关的白日梦。你或许会想象自己趴在迷惑龙的大长脖子上远眺正在远处吃草的甲龙；又或者，你会想象自己成为一群凶猛的迅猛龙中的一员，正和它们一起沿着泥滩寻觅猎物。一个 8 岁孩子会产生这样的幻想再正常不过了。但如果孩提时代的恐龙幻想一直伴随你，不但没有因长大而被遗忘，反而在心中长成了参天大树呢？那么，你将成为一位世界知名的恐龙捕手，就像杰克·霍纳那样。

长大后的杰克·霍纳扮演着多重角色，也拥有许多头衔，例如大学教授、博物馆馆长、化石收集者和收藏家、作家、恐龙类电影顾问等。这个男人之所以能够身兼数职，全因他对恐龙抱有始终不变的满腔热忱。他希望每个人，尤其是小朋友，能和他一起分享对那些从地球远古时代走来的大家伙的幻想与热爱。

热爱，是一切的起点

人们对恐龙的幻想和热爱在 2015 年 6 月被再次唤醒。"侏罗纪公园"系列电影《侏罗纪世界》在全球范围内上映。电影继续向人们讲述发生在前往小岛公园冒险的游客身上的种种不幸和惊心动魄的故事。这个公园里到处都是由被挽救出来、有几亿年历史的遗传物质发育而成的恐龙。影片的故事情节虽然匪夷所思、难以置信，但影片的整体呈现却又让人觉得合情合理、精彩绝伦。这很大程度上要归功于霍纳对电影中恐龙的行为、动作给予的科学、专业的指导。

霍纳当然会在这部电影的细节处理上下很大功夫，因为他是如此热爱恐龙。霍纳在美国蒙大拿州长大，那

是美国西部一个地广人稀的州。虽然人烟稀少，但蒙大拿州和它周边几个州却拥有大量上百万年历史的岩层，在这些古老的岩层中保存着已经变成化石的恐龙骨骼。不夸张地说，20世纪五六十年代，任何一个眼尖的蒙大拿州男孩都能时不时地轻易发现一块恐龙化石。

努力和坚韧带来革命性的发现

但通过"读"地貌来搜寻恐龙化石和在学校里读书识字是两码事。事实上，霍纳是名失读症患者，他清楚地知道自己在阅读方面有障碍。但阅读方面的障碍并没能让他的恐龙梦破灭。如同为了找到一头霸王龙的化石而坚持不懈地在成吨的岩石中发掘一

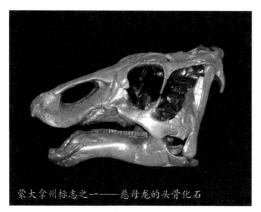
蒙大拿州标志之一——慈母龙的头骨化石

样，他凭借自身的坚持和努力一点点前进，最终成为一名出色的古生物学家。

首先要说明的是，他没能完成他的大学学业。然而，凭借自身的坚韧不拔和大量的实地搜寻，他和他的一位专门搜寻化石的朋友一起发现了世界上独一无二的恐龙化石岩床。通过分析这些岩石的形成时间并对其加以发掘，霍纳发现同一恐龙物种从幼崽到青少年期再到成年期的骨架。对霍纳而言，这个惊人的发现仿佛是一套展示恐龙一生生存图景的连环画。

霍纳认为，恐龙的生活围绕着厚岩环绕的巢穴，这些巢穴零星分布在如今被人们称为"蛋山"（Egg Mountain）的地方。在蒙大拿州中部发现了慈母龙的巢穴，这种恐龙生活在距今大约7700万年前那片和西部内陆海道毗邻的沿海平原上。

霍纳和他的同事在发现的这些巢穴里发掘出了身长30厘米的慈母龙幼崽化石，还发掘出了人类发现的第一枚慈母龙蛋化石。最重要的

是，他们找到了强有力的证据证明成年慈母龙曾在这些巢穴里喂养、呵护它们的幼崽。

上述发现加上之后被陆续发掘出的成千上万块恐龙化石让霍纳产生了一个颠覆性的看法。他认为恐龙并不像许多古生物学家一直认为的那样是群独居、冷血、行动迟缓的大怪兽，在他的眼里，一些恐龙，如慈母龙，是群居生活的，它们会悉心照料自己种群中的幼崽。以前人们都认为恐龙和现代爬行动物一样，生下蛋后会大摇大摆地走开，再也不去过问自己幼崽的死活。霍纳反对这种观点，而这也是他第一次借助自己对恐龙的新认知打破了古生物学家脑海中对恐龙这一物种的恐怖想象。

正是在这时，霍纳希望成为蒙大拿州立大学的一名教授，因为他想和那里的学生分享自己对恐龙的理解。蒙大拿州立大学指出，霍纳没能完成自己的大学学业，是不能成为一名大

人们对慈母龙生活图景的描绘

学教授的，但学校钦佩他的坚韧不拔，而正是他身上的这种品质让他能够在蒙大拿州的穷山恶水中不断发掘出与恐龙有关的新发现。

荣誉源于举世公认的成就

之后几年，霍纳对恐龙的新发现和对恐龙的新理解逐渐被人们熟知。他被授予美国"麦克阿瑟奖"，俗称"天才奖"。在这之后，蒙大拿州立大学授予他名誉博士称号，而宾夕法尼亚大学也在 2006 年授予他名誉博士称号。

如今霍纳已经是一名大学教授了，他每天都快乐地在蒙大拿州立大学和学生分享自己的恐龙梦。他还指导多达 8 名研究生参与美国最大的古生物实地考察项目，以期获得有关恐龙的新发现。

霍纳还成为两家利用高科技工具引领古生物学新方向的实验室的指导

一只破壳而出的慈母龙幼崽
该化石模型由杰克·霍纳再现

An embryonic Maiasaura emerges from its 蛋。
Reconstructed cast by J. R. Harner.

员。其中一家实验室旨在探究恐龙细胞和分子结构中蕴藏的秘密，而另一家实验室则运用计算机断层扫描和立体（3D）扫描技术还原这些已经变成了化石的庞然大物活着时的样貌和举止。

如果恐龙要寻找一位代言人，那么非霍纳莫属。他积极推进了古生物学的发展，为人们深度揭示了恐龙的生活风貌。同时，他对恐龙的想象和理解也不断激励着新一代恐龙捕手。

2013 年，古脊椎动物学会将终身成就奖颁给了霍纳。这个学会的罗默-辛普森奖章（The Romer-Simpson Medal）只授予那些为古脊椎动物学领域的发展做出持久、卓越贡献的学者。在评奖时，古脊椎动物学会从其他古生物学家那里听说了霍纳的卓越事迹和他对恐龙研究做出的突出贡献，这些古生物学家在生活上是霍纳的老朋友，在学术上是霍纳合作多年的研究伙伴。

"很难想象，一个从小面对巨大困难（指霍纳有阅读障碍）的人能够

取得如此的成就。他用自身的努力推进了古生物学领域的发展，促成了众多新的研究成果的产生，同时还帮助了众多后生晚辈在这个领域内有所建树。"美国加利福尼亚大学洛杉矶分校古生物学家凯文·帕迪恩（Kevin Padian）教授如是说。

英国伦敦自然历史博物馆研究院的安吉拉·米尔纳（Angela Milner）说道："杰克投身实地考察项目，做了大量工作。他在蒙大拿州的考察项目已经引发了人们对恐龙生物学理解的革命。这个考察项目让人们更清晰地了解了慈母龙巢穴的位置和构造、慈母龙蛋，以及处于青少年时期的慈母龙的样貌和生活习性等。"

加拿大皇家安大略博物馆馆长大卫·埃文斯（David Evans）是这样评价霍纳的："我本人就是受霍纳教授直接启发和激励的青年古生物学家之一。他一直积极投身实地考察，孜孜不倦地将自己对恐龙的新发现和新理解传播给公众，这样一位伟大的古生物学家无疑是在我成长道路上对我影响颇深的科学界英雄之一。"

没错，霍纳就是拥有能够激发恐龙梦的神奇魔力。

对慈母龙巢穴以及巢穴中恐龙蛋的再现

听杰克·霍纳
说恐龙

电影《侏罗纪世界》剧照

2015 年 6 月，电影院里座无虚席，因为"侏罗纪公园"系列电影《侏罗纪世界》在全球范围内上映。在之前的《侏罗纪公园》中，暴龙有没有吓到你？古生物学家、史前恐龙专家杰克·霍纳认为你还没有看到真正恐怖的东西。

带着对新电影《侏罗纪世界》的期待，《少年时》读物采访了电影的科学顾问、古生物学家杰克·霍纳。从 1993 年第一部《侏罗纪公园》开始，霍纳始终致力于让电影中的恐龙部分更加科学。尽管他曾发誓要保密，但在采访时霍纳爆料说《侏罗纪世界》中出现了一种新的恐龙，足以把暴龙吓得哭着回家找妈妈。

《少年时》：让我们从最基本的开始。在一部恐龙电影中，科学顾问的角色是什么？

杰克·霍纳：我在"侏罗纪公园"系列电影中的工作是保证恐龙看起来

美国著名古生物学家杰克・霍纳是"侏罗纪公园"系列电影的科学顾问

尽可能真实。基本上，我们把恐龙变成"电影人物"，然后史蒂文・斯皮尔伯格（史蒂文导演了最初两部"侏罗纪公园"系列电影）再把它们变成"电影演员"。电影中的每一个人都是演员，包括恐龙。我的工作就是保证恐龙看起来就像真的一样。

我们进行拍摄时，作为演员的恐龙所表现的一切都要像真的一样。不过我们知道，演员在电影中所做的一些事情现实中的人是不会做的，作为演员的恐龙也是如此。显然，电影中的恐龙比实际中跑得快。暴龙跑得太快了！迅猛龙和其他恐龙闯进建筑物中吃人，而那些非常适于它们食用的恐龙就在外面的空地上……这就是电影的魔力。

另外一个类似的场景是"厨房"。电影人决定让迅猛龙追着孩子们进入厨房并像蛇一样吐舌头。

"不行，"我说，"它们不能这么做。"我们（这里指古生物学家）知道它们不会这样做，因为蛇和其他能那样吐舌头的动物的头部有一个器官叫作犁鼻器。恐龙没有这个器官。因此我们替换掉了那个场景。

史蒂文努力让大家理解恐龙是爬行动物。但其实它们是一种特殊类型的爬行动物。因此在迅猛龙进入厨房之前，我设计了一个它们透过窗口张望的镜头：一只恐龙对着窗户哼了一下，然后玻璃蒙上了一层雾气。能让玻璃因为哈气蒙上水雾的只有恒温动物。在这里我们向观众暗示迅猛龙不是一般意义上的爬行动物，它们是恒温动物。

这是我们不断检查整部电影的一个例子。科学家确保剧中的事物没问题，史蒂文等电影制作人则希望把电影做得更加恐怖和刺激，两者之间有一道线。

这部新电影也一样——其中有一只非常恐怖的恐龙。

《少年时》：让我们继续吧。从拍摄第一部《侏罗纪公园》到现在这部新的电影，古生物学家对恐龙的了解有什么新进展吗？

杰克・霍纳：最大的进展当然是我们发现了长羽毛的恐龙。

《少年时》：羽毛？

杰克・霍纳：遗憾的是我们在拍《侏罗纪公园》的时候还不知道

恐龙有羽毛的事，或者说，我们多少知道一点，但是史蒂文不想在恐龙身上安上羽毛。他认为没有羽毛的恐龙看上去会更恐怖。现在我们确定迅猛龙是有羽毛的，但是在电影中我们不能再更改了。我们必须保证"恐龙演员"在电影中是始终一致的。从第一部电影拍摄至今，恐龙身上的羽毛无疑是我们在恐龙科学发展中最大的发现。

《少年时》：如果我没记错的话，"侏罗纪公园"系列电影的故事开始于在琥珀中发现了恐龙的 DNA。DNA 存在于琥珀里吸血昆虫所吸的血液中。那简直太酷了！有没有可能真的发现恐龙的 DNA 并让恐龙复活？

杰克·霍纳：我们有可能会发现微小的 DNA 碎片，但是发现整条 DNA 链的可能性几乎为零。

《少年时》：为什么呢？

杰克·霍纳：举例来说，人类的 DNA 有数十万亿的碱基对。换言之就是数十万亿的小片段。即使我们能发现 10000 年前的动物的 DNA——也许有 1000 段 DNA 碎片——但那仍然只是原有 DNA 中非常小的一部分。

这很好理解。骨骼主要是由磷酸钙构成的，本身就像石头一样。骨骼可以分解，但由于它很坚硬，需要很长的时间才能分解。但是像蛋白质和 DNA 就降解得很快。它们多数情况下的降解是因为成了细菌的食物。DNA 降解很快，它们的联结并不十分紧密。这就是为什么我们不可能发现存在时间很长的 DNA。

《少年时》：您讲得很清楚。谢谢。最后一个问题，您曾经说过自己小时候希望能有一只恐龙作为宠物。您觉得这会不会很危险呢？您希望养哪种恐龙作为宠物呢？

杰克·霍纳：当然！肯定的！想想看，宠物啊！我们改变了狗，它们源于狼，现在在我们有各种各样的狗。

恐龙是我们梦想中的生物。随着我们开发出来越来越多的科技手段并对基因有了更多的了解，我们就有机会制造出不同种类的动物。

那么恐龙呢？我想拥有一只恐龙肯定特别有意思。几乎我们拥有的所有宠物，猫或者狗，都是肉食性动物。因此养一只肉食性恐龙当宠物也没有什么问题。如果你去繁殖并且修正它们的基因，它们会像现代的狗一样友好。

我觉得小迅猛龙会是很酷的宠物。

《少年时》：嗯，肯定的。谢谢您，霍纳博士。

两个恐龙迷的一周

暴龙（Tyrannosaurus Rex），蜥臀目暴龙科，大约出现于6700万年前，是白垩纪末期马斯特里赫特期的终极杀手。人们在北美洲的美国、加拿大和墨西哥发现过它们的化石

吴申弘，10 岁，杭州时代小学（Hangzhou Shidai Primary School）学生

林乐中（埃德蒙，Edmund Lin），10 岁，香港国际学校（Hong Kong International School）学生

66

10 岁的申弘生在中国，住在杭州，每次用英文说话之前会有点儿脸红。

10 岁的埃德蒙生在美国，住在中国香港，每次用中文说话之前都需要想一想。

99

第一天

两个男孩的学校每年有一次互动。2015 年春节前，杭州时代小学十几个四年级小学生到香港国际学校交流一个星期，申弘成了埃德蒙的"伙伴"——白天一起上学，晚上再一起回家。

来到埃德蒙的家，申弘一眼就看见了贴在玻璃窗上的大幅恐龙海报。

"你喜欢恐龙？"

"当然，I am a dinosaur expert（我是个恐龙"专家"）。我有 100 多个恐龙模型。你有什么关于恐龙的问题就问我吧。"埃德蒙神采飞扬地说。

"我也是恐龙迷！ 我还会用乐高自己做恐龙呢。"

"你做了怎样的乐高恐龙呢？"埃德蒙好奇地问。

"当然是最厉害的霸王龙啦！ 就是暴龙，Tyrannosaurus Rex！"申弘一下子说出这么长的英文名字，居然一点儿都没打磕巴。

"暴龙不是最厉害的，我觉得南方巨兽龙才是。"

"什么？！ 真的吗？"

埃德蒙刚想解释，却被妈妈打断。晚饭时间到了，为了欢迎申弘，她特地准备了香喷喷的牛肉馅儿墨西哥卷饼。两个爱吃肉的孩子暂时

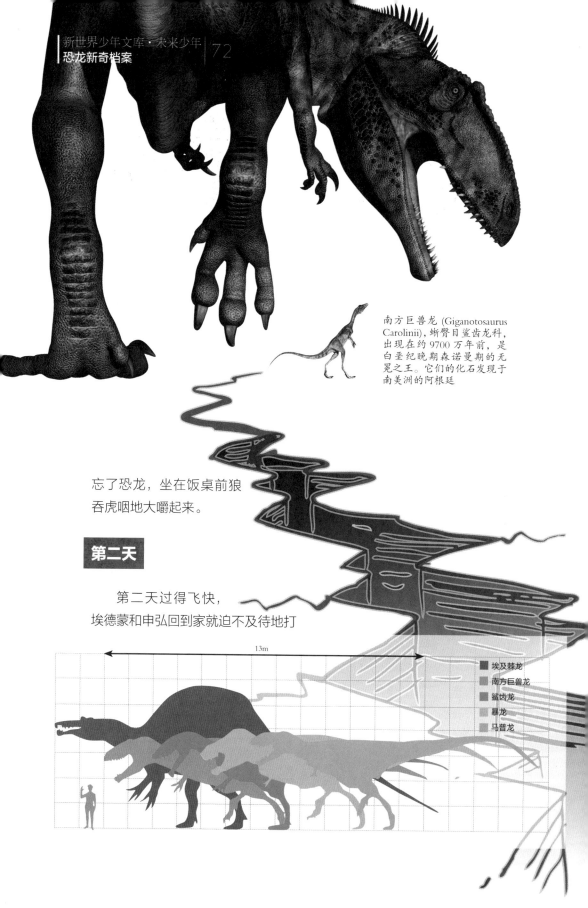

南方巨兽龙 (Giganotosaurus Carolinii)，蜥臀目鲨齿龙科，出现在约 9700 万年前，是白垩纪晚期森诺曼期的无冕之王。它们的化石发现于南美洲的阿根廷

忘了恐龙，坐在饭桌前狼吞虎咽地大嚼起来。

第二天

第二天过得飞快，埃德蒙和申弘回到家就迫不及待地打

13m

- 埃及棘龙
- 南方巨兽龙
- 鲨齿龙
- 暴龙
- 马普龙

开玩具柜。不一会儿，大大小小的恐龙模型分成左右两个阵营，占领了客厅的地毯。申弘的恐龙部队以一只暴龙打头阵，埃德蒙给自己挑的先锋是一只南方巨兽龙。

"你看，我的南方巨兽龙比你的大。" 埃德蒙有点儿得意。

"那就是个模型，不是真的。" 申弘不服气。

"真的也是。你知道吗？南方巨兽龙有13米长，比暴龙要长1米。"

"就算是这样，可我的暴龙力气大，会打架。"

"南方巨兽龙也会打架，它比暴龙还重两吨呢。"

"可是，个子大就一定会打架吗？比如说，棘龙（Spinosaurus）有18米长，比你的南方巨兽龙还大，要是它们打架谁能赢呢？"

埃德蒙被问住了。

第三天

今天学校的科学课可以自选题目做研究，埃德蒙和申弘不约而同地挑了恐龙。昨天没说完的话题又开始了，连老师都闻声走了过来。

"你们两个讨论得真热闹！"

"我们想知道谁是最厉害的肉食性恐龙。暴龙、南方巨兽龙、棘龙，如果它们三个打架，谁能赢呢？"

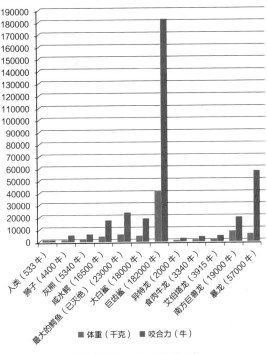

■体重（千克） ■咬合力（牛）

各种动物的体重和咬合力比较

"原来是比较恐龙的攻击力啊！很有趣的题目。你们怎么比呢？"

"老师，我们现在比的是大小。棘龙最长，可能也最重，但是化石很少，所以不太肯定。"申弘回答。

"你们有没有想过换一个角度来比。如果这三种恐龙碰到一起，它们会怎么打？用爪子还是嘴巴？"

"当然用嘴啦！"两个孩子异口同声地回答。

"那你们试着查查恐龙的咬合力，看哪种恐龙的咬合力最大。"

埃德蒙和申弘立即动手，很快查到了这组数据。

数据中的五种恐龙都是这两个孩子熟悉的。异特龙（Allosaurus）、食肉牛龙（Carnotaurus）、艾伯塔龙（Albertosaurus）的咬合力和狮子、灰熊差不多。南方巨兽龙更厉害，和大白鲨旗鼓相当。看到最后一个暴龙的数据，申弘兴奋地叫起来："哈，暴龙的咬合力是南方巨兽龙的3倍呢！"

面对这么有说服力的数据，埃德蒙就算是想为南方巨兽龙撑腰也无可奈何。不过最令两个孩子惊讶的是，恐龙时代之后才出现的巨齿鲨，其咬合力竟然把暴龙都远远甩在了后面。

遗憾的是，棘龙的咬合力数据一直找不到。不过，棘龙的化石复原图显示，它的头骨狭长，形状像鳄鱼，棘龙的猎物又以鱼和翼龙为主。埃德蒙和申弘以此判断棘龙的战斗力难以与暴龙和南方巨兽龙并驾齐驱。

第四天

下午放学后，埃德蒙和申弘没有马上回家，而是留在学校里打篮球。除恐龙外，他们又找到了这个共同爱好。申弘的特长是利用自己结实的体格快步上篮，埃德蒙则以身高优势紧逼防守抢篮板球。两个孩子在篮球场上跑来跑去，打得正热闹的时候，埃德蒙突然抱着球停了下来："申弘，暴龙和南方巨兽龙谁跑得更快？"

申弘喘着气说："不知道，不过跑得快的恐龙肯定攻击力更强。"

"我同意。你知道世界上跑得最快的人 Usain Bolt 吗？他跑100米只需9.58秒。"

"你是说尤塞恩·博尔特？我当然知道，他是奥运会冠军呢！如果恐龙去追他的话，你觉得他能跑掉吗？"

"不知道，回去查一查吧，咱们比赛看谁跑得快！"话音未落，埃德蒙撒开腿就跑，申弘紧紧跟在后面。

一到家，埃德蒙和申弘用电脑很快查到了暴龙的极限速度。

经过一番搜索，南方巨兽龙的数据也从另一份研究报告中找出来了。

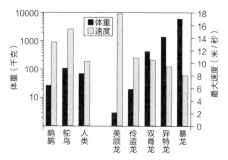

种类	体重（千克）	测量最大速度（米/秒）	预计最大速度（米/秒）
南方巨兽龙属	9000	------	14
鸵鸟属	120	16	18
人属（成年男子）	70	10.44	10.44

申弘用计算器算了一下，尤塞恩·博尔特的世界纪录是 10.44 米/秒。暴龙的最大速度是 9 米/秒，南方巨兽龙是 14 米/秒。博尔特虽然可能躲过暴龙的追击，但最终还是跑不出南方巨兽龙的爪心。

第五天

转眼到了星期五。这是杭州时代小学的学生们在香港国际学校里的最后一天，也是一年一度的"中国日"。全校一起庆祝农历新年，所有的学生都要穿中国传统服装。为了这一天，申弘的妈妈特地为埃德蒙准备了中式的长袍马褂，让申弘从杭州带了过来。

一大早，申弘自己穿上了蒙古族的骑马服。埃德蒙穿上红蓝相间、颜色鲜艳的长袍马褂，跑到镜子前一看，笑得眼泪都快流出来了："我看起来太滑稽了，还是穿校服上学吧。"

申弘安慰他说："没关系，据说就连暴龙都长着鸟一样的羽毛，没准儿比你这身更五颜六色呢 。"

上午演出的第一项是申弘和其他从杭州来的孩子一起表演的民族舞

从身体比例来看，伤齿龙的脑袋是所有恐龙中最大的

蹈，压轴的是学生交响乐团合奏的新春音乐，埃德蒙是大提琴手之一。

中华武术展示台旁边放着几把表演用的兵器，闲下来的申弘和埃德蒙一人拿刀、一人提剑，面对面比画起来。"你们这两只恐龙还在搏斗啊？"埃德蒙的科学老师正好经过，停下来笑着打量着他们。

"我们还没有……我是说暴龙和南方巨兽龙还没有决出胜负呢。"申弘回答。

"暴龙咬合力大，但是南方巨兽龙更大更快，我们还是不知道谁能赢。"埃德蒙补充道。

"你们有没有想过比较一下智力，看看哪个更聪明？"科学老师再次提了个建议。

正好科学教室的门还开着，两个男孩打开电脑，先查恐龙头骨的大小。最大的暴龙头骨化石有 1.5 米长，最大的南方巨兽龙头骨化石有 1.6 米到 1.8 米长。埃德蒙还没来得及跳起来欢呼，申弘马上问了一句："难道脑袋大就一定聪明吗？最聪明的伤齿龙脑袋很小的呀。"

埃德蒙非常喜欢伤齿龙。这种英文叫 Troodon 的蜥臀目恐龙不到 2 米长，长着向前看的大眼睛，可以在黑暗中猎食小型哺乳动物。他确信，如果那颗倒霉的小行星没有在 6550 万年前击中地球，现在的最高级的智能生物一定是伤齿龙的后代。

因此申弘这么一问，埃德蒙也意识到自己高兴得有点早了。也许，真正的聪明程度跟脑容量和体型大小都有关系。他们又接着去查更多数据……

第六天

一大早，埃德蒙全家带申弘去海洋公园，两个孩子对新建的鲨鱼馆最感兴趣。巨大的水缸里，大大小小的鲨鱼无声地游弋。正赶上工作人员拿来成块的鱼肉喂它们，几条大鲨鱼迅速游动，鱼肉转眼就被抢光了。

"我还是觉得暴龙最凶猛。"不等埃德蒙问，申弘就解释起来，"南方巨兽龙再厉害，也是鲨齿龙科的，牙齿像鲨鱼，用来撕肉吃。暴龙可是连骨头都能咬得稀巴烂。暴龙的猎物太难抓了，三角龙（Triceratops）头上的尖角、甲龙（Anbylosaurus）身上的厚壳和尾巴上的大锤子都是专门用来对付暴龙的，但是最后暴龙都能把它们吞掉。"

埃德蒙无法否认这个事实，因为他知道暴龙的粪化石里常常含有三角龙和甲龙的碎骨。不过他还是要力挺自己最钟爱的南方巨兽龙："南方巨兽龙的猎物是阿根廷龙（Argentinosaurus），那可是中生代最大的植食性恐龙，有 20 头大象那么重，一抬脚就能把个头小点儿的恐龙踩扁。南方巨兽龙就专吃阿根廷龙，要是一个南方巨兽龙打不过，它们还会集体行动呢。"

第七天

申弘今天要坐飞机回家过春节了，暴龙和南方巨兽龙的最强之争仍未分出胜负。埃德蒙打算明天就给他打电话，继续他们的恐龙讨论。6月底，埃德蒙学校的孩子们要去杭州回访，埃德蒙已经等不及了……

遥远的过去和不远的未来

9500万年前，南方巨兽龙莫名其妙地灭绝了。是因为气候的变迁、食物的匮乏，还是流行病的泛滥？科学家们到现在都没弄明白。

6550万年前，一颗小行星从天而降，极速撞到位于墨西哥的尤卡坦半岛，由此引发的一系列灾难摧毁了暴龙赖以生存的世界。

暴龙和南方巨兽龙生存的年代相差了3000万年，它们从未谋面。

埃德蒙决心长大后要当古生物学家，走遍世界，去发现更高、更大、更厉害的新恐龙。

申弘长大后要当乐高设计师，建造一个大型乐高侏罗纪公园，里面有所有他喜欢的恐龙。

埃德蒙和申弘只相处一个星期，就成了最好的朋友。

图为捷克共和国维什科夫的恐龙公园的雕塑，一个伤齿龙正撕咬着它的猎物。伤齿龙体型小，被认为是最聪明的恐龙之一。其牙齿边缘的锯齿非常尖，具有致命的伤害性

埃德蒙的恐龙排名

No.16 怜盗龙 8300万~7000万年前

总分 64

长度 2.5米	**高度** 0.9米
体重 15千克	**速度** 60千米/小时

化石发现地：中国和蒙古国
秘密武器：敏锐的鹰眼与锋利的趾爪

身披羽毛的迅猛猎手，常在夜色掩护下成群出击

肉食　　🪓 85　🛡 50　👊 56

No.15 伤齿龙 7500万~6500万年前

总分 67

长度 2米	**高度** 1米
体重 50千克	**速度** 50千米/小时

化石发现地：美国和加拿大
秘密武器：脑容量6倍于其他大小相当的恐龙

假设恐龙没有灭绝，伤齿龙的后代定能凭脑力称霸世界

肉食　　🪓 80　🛡 75　👊 45

No.14 剑龙 1.55亿~1.5亿年前

总分 68

长度 9米	**高度** 2.8米
体重 2300千克	**速度** 7千米/小时

化石发现地：美国和葡萄牙
秘密武器：尾巴上的4个利刃甩在异特龙身上能打出窟窿

危险的猎物，背部长满了大型的骨板

植食　　🪓 45　🛡 89　👊 70

No.13 镰刀龙 7000万年前

总分 70

长度 10米	**高度** 5~6米
体重 5000千克	**速度** 27千米/小时

化石发现地：中国和蒙古国
秘密武器：近1米长的指爪，用来抓取树叶和防御敌人

最古怪的植食性恐龙，拥有一副镰刀般的巨爪

植食　　🪓 59　🛡 81　👊 70

No.12 恐爪龙 1.15亿～1.08亿年前

总分 71

| 长度 3.5 米 | 高度 0.9 米 |
| 体重 73 千克 | 速度 35 千米/小时 |

化石发现地：美国
秘密武器：利爪高举，向猎物飞奔而去

鸟类的远祖，天生恐怖的利爪，擅长团队作战

肉食　⚔ 88　🛡 60　👊 65

No.11 梁龙 1.54亿～1.5亿年前

总分 72

| 长度 22～35 米 | 高度 5 米 |
| 体重 18000 千克 | 速度 24 千米/小时 |

化石发现地：美国
秘密武器：以迅雷不及掩耳的速度，扬起长尾扫向敌人

蜥脚类里的巨兽，有着修长的脖子和鞭子一样的尾巴

植食　⚔ 49　🛡 82　👊 85

No.10 甲龙 6650万～6550万年前

总分 73

| 长度 7 米 | 高度 1.2 米 |
| 体重 3000 千克 | 速度 9～10 千米/小时 |

化石发现地：美国和加拿大
秘密武器：尾部的重槌没准能打断敌人的腿骨

恐龙里的"装甲车"，全身的厚甲上布满了尖刺和脊突

植食　⚔ 40　🛡 99　👊 80

No.9 犹他盗龙 1.39亿～1.34亿年前

总分 79

| 长度 7 米 | 高度 2.5 米 |
| 体重 500 千克 | 速度 35～55 千米/小时 |

化石发现地：美国
秘密武器：高举着镰刀形利爪扑向猎物

最大型的驰龙科恐龙，以攻击速度著称

肉食　⚔ 87　🛡 70　👊 80

No.8 阿根廷龙 9600万 ~ 9400万年前

总分 **80**

长度 30 ~ 35 米　**高度** 7 ~ 8 米
体重 75000 千克　**速度** 15 千米 / 小时

化石发现地：阿根廷
秘密武器：用庞大强健的前肢踩踏敌人

迄今为止发现的体型最大的恐龙，也是最大的
陆生动物

植食　　50　90　99

No.7 棘龙 1.12亿 ~ 9700万年前

总分 **82**

长度 18 米　　**高度** 4 米
体重 9000 千克　**速度** 30 千米 / 小时

化石发现地：埃及
秘密武器：像巨型鳄鱼一样，潜伏在水里
伺机而动

体型最大的肉食性恐龙，因背部帆状的长棘得名

肉食　　88　76　83

No.6 异特龙 1.55亿 ~ 1.5亿年前

总分 **83**

长度 8.5 米　　**高度** 3 米
体重 1600 千克　**速度** 30 ~ 55 千米 / 小时

化石发现地：美国
秘密武器：血盆大口可以最大角度张开来
吞食猎物

侏罗纪的终极猎手，集敏捷和杀伤力于一身

肉食　　93　73　85

No.5 永川龙 1.61亿 ~ 1.57亿年前

总分 **84**

长度 11 米　　**高度** 3 米
体重 5000 千克　**速度** 40 千米 / 小时

化石发现地：中国
秘密武器：前肢短小，后肢长，靠两脚行
走，爪大而尖锐

拥有巨大的咬合力，前肢灵活

肉食　　88　80　85

No.4 马普龙 9900万～9300万年前

总分 **85**

长度 11.5米　高度 3.8～4.8米
体重 5000千克　速度 50千米/小时

化石发现地:阿根廷
秘密武器:刀刃一样锋利的牙齿,不费吹灰之力就可以撕裂猎物的肌肉

成群结队地袭击庞大的阿根廷龙,往往出奇制胜

肉食　　90　　80　　85

No.3 鲨齿龙 1亿～0.93亿年前

总分 **88**

长度 12米　高度 4米
体重 8000千克　速度 50千米/小时

化石发现地:北非
秘密武器:拥有庞大、侧扁的颌部,用颌部能举起几百斤的猎物

牙齿类似鲨鱼的牙齿,非常锋利

肉食　　95　　80　　88

No.1 暴龙 6700万～6550万年前

总分 **90**

长度 12米　高度 4.6～6米
体重 6000千克　速度 32千米/小时

化石发现地:美国和加拿大
秘密武器:锥形的利齿能轻松咬碎骨头,57000牛的咬合力是陆生猛兽之最

生物进化史上无与伦比的冠军杀手

肉食　　100　　83　　88

No.1 南方巨兽龙 9700万年前

总分 **90**

长度 13米　高度 4米
体重 8000千克　速度 50千米/小时

化石发现地:阿根廷
秘密武器:1米多深的巨嘴里遍布锋利无比的牙齿

来自南半球的巨型刺客

肉食　　95　　85　　90

世界上的恐龙博物馆

美国自然历史博物馆（American Museum of Natural History）
地址：美国纽约

　　馆中设有蜥臀目和鸟臀目两大恐龙主题展厅，展厅里有暴龙、迷惑龙、三角龙等恐龙的化石和复原模型。其中，有一架是异特龙，看起来正在吞食一只被踩在脚下的迷惑龙。

　　点评：美国自然历史博物馆有个精英荟萃的科学家团队。最近，他们和中国的同行合作，在中国东北找到了"古生物庞贝城"——被火山灰瞬间吞噬、经亿万年还保存完好的古生物群遗址。

馆中巨大的重龙骨架模型

美国自然历史博物馆中的蜥脚类恐龙模型

美国自然历史博物馆中的两个科氏大鸭龙模型

美国恐龙国家纪念公园（US Dinosaur National Monument）
地址：美国科罗拉多州和犹他州

美国科罗拉多州和犹他州交界处大名鼎鼎的摩里逊岩层，形成于1.5亿年前的侏罗纪。当年，恐龙等古生物的遗体被洪水冲到这片沉积层，奇迹般地保存了下来。现在人们可以看到镶嵌在岩层里的大量化石。

点评：美国恐龙国家纪念公园至今仍不时有新的发现。几年前才刚被命名的阿比杜斯龙（一种巨型蜥脚类腕龙科的植食性恐龙），就是在这儿被发现的。挖掘出来的恐龙化石头骨完整，实属罕见。

从哈珀斯角向东看当地地质

恐龙国家纪念公园入口

恐龙头骨嵌入恐龙国家纪念公园的岩石中。

自贡恐龙博物馆（Zigong Dinosaur Museum）
地址：中国四川省自贡市

自贡恐龙博物馆直接建在著名的"大山铺恐龙化石群遗址"上。一两亿年前，这里是开阔的滨湖浅滩，恐龙尸骸被泥沙层层掩埋，逐渐形成了如今富含化石的砂岩层。这里有马门溪龙、天府峨眉龙、建设气龙、李氏蜀龙等中国特有的恐龙化石和模型。

点评：博物馆最精彩的展览在化石埋藏厅，那里其实是个大规模的化石开采现场，重重叠叠的恐龙骨架化石与砂岩浑然一体。

四川自贡恐龙博物馆除了陈列恐龙的化石标本，还会将发掘完整的化石骨架制成庞大的立体恐龙进行展示

博物馆内部

馆中展示的杨氏马门溪龙的骨架

伦敦自然历史博物馆（Natural History Museum，London）
地址：英国伦敦

入口大厅里曾展出一架 26 米长的梁龙骨架化石 100 多年。这里"潜伏"着多种恐龙，登上天桥，你可以全方位地观察巨大的圆顶龙、被岩石半埋起来垂死挣扎的埃德蒙顿龙……

点评：博物馆的新收藏是一副全世界最完整的剑龙骨架化石，它高 3 米，长 6 米，除了缺失左前肢和部分尾骨，其他重要的骨骼一应俱全。科学家花了一年半的时间才把它从美国怀俄明州挖掘出来，并复原成当今最完整的剑龙骨架。

该博物馆特别广为人知的是恐龙骨骼展示及其华美的建筑，被誉誉为"自然大教堂"

博物馆欣顿大厅（Hintze Hall）曾展示广受喜爱的梁龙模型长达 100 余年

咆哮的雷克斯霸王龙

菲尔德博物馆（The Field Museum）
地址：美国芝加哥

　　这里有全世界最大、最完整的暴龙骨架化石"苏"（Sue）。它长13米，高4米，光是头骨就重约225千克，只能和躯干分开来单独陈列。科学家虽然知道它的确切死亡年龄（28岁，属暴龙中的长寿），但对于"苏"的性别却始终没能下结论。

　　点评：菲尔德博物馆的收藏得益于它的化石搜索队伍。博物馆的两个古生物学家曾在南极洲的比尔德莫尔冰川附近寻找化石，亿万年前这里生活着侏罗纪早期的冰河龙、冰脊龙等动物。

菲尔德自然历史博物馆创立于1893年，收藏超过2100万件的标本

现存最完整的暴龙化石"苏"收藏于此地

馆内斯坦利菲尔德大厅的展示

比利时皇家自然科学博物馆（Royal Belgian Institute of Natural Sciences）
地址：比利时布鲁塞尔

这里拥有欧洲面积最大的恐龙展厅。展厅里除了为数众多的化石标本，还陈列了多具恐龙骨架化石，其中禽龙化石有 30 具之多。馆内还有古生物实验室。

点评：禽龙一度被认为长着犀牛一样的犄角，多亏了这批在比利时被发现的大量且完整的禽龙骨架化石，古生物学家才恍然大悟：原来"犄角"是一双像大钉子一样向上翘的拇指。

博物馆内部 1

博物馆内部 2

在恐龙馆安装的禽龙骨骼

柏林自然历史博物馆（Museum für Naturkunde）
地址：德国柏林

中心展厅的长颈巨龙骨架是世界上最大的、安装好的恐龙骨架化石，高近 13 米，长 22 米，20 世纪初由德国的古生物学家在非洲坦桑尼亚出土。这只长颈巨龙活着的时候可能有 55 吨重。

点评：镇馆之宝是迄今为止最完整的始祖鸟化石。在那块举世闻名的化石板上，可以清晰地看到状如小型恐龙的身体、长满牙的嘴、折叠的翅膀、尖利的爪子和蜥蜴样的长尾巴。

馆内恐龙世界展区

长颈巨龙化石标本

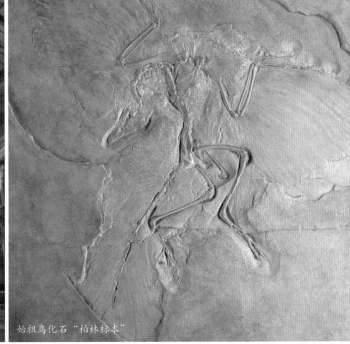
始祖鸟化石"柏林标本"

弗恩班克自然历史博物馆（Fernbank Museum of Natural History）
地址：美国佐治亚州亚特兰大

　　巨大的恐龙化石在南半球的阿根廷被陆续发掘出来，要想看到它们，你一定得来这里。身长超过暴龙的南方巨兽龙和植食性恐龙之一——将近100吨重的阿根廷龙就在此馆。

　　点评：这个博物馆为青少年提供了各种古生物学的互动学习机会，还有以恐龙为主题的夏令营。

博物馆入口处

博物馆内最引人注目的阿根廷龙骨架，长约37米，被认为是世界上最大的阿根廷龙骨架

博物馆内部